“十三五”国家重点出版物出版规划项目

材料科学研究与工程技术系列

光谱分析法

Spectroscopic Analysis

● 主编　齐海燕　秦世丽　张旭男

哈尔滨工业大学出版社

内 容 简 介

　　本书主要阐述常用光谱分析方法的基本原理、特点、应用及仪器的结构和工作原理。全书共 5 章，包括光谱分析法概论、原子发射光谱法、原子吸收光谱法、X 射线荧光光谱法、分子发光光谱法。

　　本书可作为高等学校化学、化工、应用化学及相关专业的教材，也可供从事光谱分析测试工作的人员参考。

图书在版编目(CIP)数据

光谱分析法/齐海燕,秦世丽,张旭男主编. —哈尔滨:哈尔滨工业大学出版社,2021.6(2023.1 重印)

ISBN 978 - 7 - 5603 - 8966 - 0

Ⅰ.①光…　Ⅱ.①齐…　②秦…　③张…　Ⅲ.①光谱分析－高等学校－教材　Ⅳ.①O433.4

中国版本图书馆 CIP 数据核字(2020)第 135214 号

材料科学与工程
图书工作室

策划编辑	杨　桦
责任编辑	王会丽　庞亭亭
封面设计	卞秉利
出版发行	哈尔滨工业大学出版社
社　　址	哈尔滨市南岗区复华四道街 10 号　邮编 150006
传　　真	0451 - 86414749
网　　址	http://hitpress.hit.edu.cn
印　　刷	哈尔滨圣铂印刷有限公司
开　　本	787 mm×1 092 mm　1/16　印张 10.25　字数 250 千字
版　　次	2021 年 6 月第 1 版　2023 年 1 月第 2 次印刷
书　　号	ISBN 978 - 7 - 5603 - 8966 - 0
定　　价	33.00 元

(如因印装质量问题影响阅读,我社负责调换)

前　言

随着科学技术的进步,分析化学已成为以仪器分析为手段的现代分析化学,其中光谱分析法是一个重要分支,在工业、农业、生命科学、环境科学等领域广泛应用。然而,适合高等学校本科相关专业使用的光谱分析教材较少且出版年代久远,已不能反映当今光谱学的最新发展成果,编写一本适应教学需要的本科教材十分必要。

本书共 5 章,编写分工如下:齐海燕(第 3 章和第 4 章)、秦世丽(第 1 章和第 2 章的 2.1～2.3 节)、张旭男(第 2 章的 2.4～2.8 节及第 5 章),全书由齐海燕统稿。

本书在编写过程中,参考了国内外出版的一些教材和著作,并引用了其中部分数据和图表,在此向相关作者表示由衷的谢意。

感谢齐齐哈尔大学化学与化学工程学院应用化学系的所有老师,感谢他们对我讲授光谱课程的支持;特别要感谢刘瑞华老师,感谢在教学过程中他给予我的悉心指导和帮助;感谢我的学生黄德敏、孙晓娜、张琛琪,他们在表图绘制方面给了我很大帮助。

由于编者水平有限,缺点和不足在所难免,恳请读者批评指正。

齐海燕

2021 年 3 月

目　　录

第1章　光谱分析法概论

1.1　光谱分析基本原理简介

光是一种电磁波,由电磁波按波长或频率有序排列的光带(图谱)称为光谱,基于测量物质的光谱而建立的分析方法称为光谱分析法。为了能正确了解光谱分析的一般原理,需了解电磁波与光谱的基本性质。

1.1.1　电磁波与电磁波谱

1.电磁波的性质

电磁波是一种以巨大速度通过空间传播的光量子流,它既具有粒子的性质,又具有波动的性质,也就是说,电磁波具有波粒二象性。

(1)电磁波的波动性。

电磁波是横波,可用电场强度向量 $\boldsymbol{E}$ 和磁场强度向量 $\boldsymbol{H}$ 来表征。这两个向量以相同的相位在两个互相垂直平面内以正弦曲线振动,并同时垂直于传播方向(图1.1);也就是说电磁波是在空间传播的变化的电场和磁场,当其穿过物质时,可以和带有电荷和磁矩的任何物质相互作用,并产生能量交换。光谱分析就是建立在这种能量交换的基础之上的。

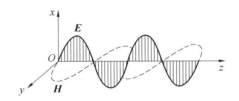

图1.1　电磁波的传播

电磁波的传播具有波动性质,可用速度 c、波长 λ、频率 ν 或波数 σ 等参数加以描述。

波长是指在波传播路径上具有相同振动相位的两点之间的距离,即相邻两个波峰或波谷之间的直线距离。由于各波谱区波长范围不同,需用不同单位表示。γ 射线、X 射线、紫外光和可见光常用 nm 表示;红外光常用 μm 和波数 cm^{-1} 表示;微波常用 mm 和 m 表示。这些单位之间的换算关系为 $1\ \mathrm{m} = 10^2\ \mathrm{cm} = 10^6\ \mu\mathrm{m} = 10^9\ \mathrm{nm}$。

频率是指单位时间内电磁波振动的次数,即单位时间内通过传播方向某一点的波峰或波谷的数目,单位为赫兹(Hz)或 s^{-1}。频率与波长的关系为

$$\nu = c/\lambda \tag{1.1}$$

式中,c 为光速,其值为 3.00×10^{10} cm·s^{-1}。

波数为波长的倒数,单位为 cm^{-1},表示每厘米长度中波的数目。若波长以 μm 为单位,则波数与波长的换算关系为

$$\sigma(cm^{-1}) = \frac{1}{\lambda(cm)} = \frac{10^4}{\lambda(\mu m)} \tag{1.2}$$

电磁波的波动性还表现在它具有散射、折射、反射、干涉和衍射等现象。散射现象是指入射光的光子与试样的粒子碰撞时会改变传播方向;折射现象是由于光在两种介质中传播速度不同引起的;衍射现象是指光波绕过障碍物而弯曲地向它后面传播的现象。这些现象都可以用光的波动性来解释。

(2) 电磁波的粒子性。

就电磁波的粒子性而言,其表现为光的能量不是均匀连续地分布在它所传播的空间,而是集中在被称为光子的微粒上。每个光子具有能量 E,其与频率及波长的关系为

$$E = h\nu = h\frac{c}{\lambda} \tag{1.3}$$

式中,h 是普朗克常数,其值为 $6.63 \times 10^{-34} J \cdot s$。

式(1.3)表现了电磁波的双重性,$h\nu$ 表现了电磁波的粒子性质,$h\frac{c}{\lambda}$ 表现了电磁波的波动性质。光电效应、康普顿效应和黑体辐射等则只能用电磁波的微粒性来解释。

2. 电磁波谱

将电磁波按波长顺序排列成谱,称为电磁波谱,它是物质内部运动变化的客观反映。任一波长的光子的能量 E 都与物质内能(原子、分子或原子核的内能)的变化 ΔE 相对应,即

$$\Delta E = E = h\nu = h\frac{c}{\lambda} \tag{1.4}$$

如果已知物质由一种状态过渡到另一种状态的能量差,便可按式(1.4)计算出相应的波长。表1.1所示为各电磁波谱区的名称、波长范围、能量大小及相应的能级跃迁类型。

表 1.1　电磁波谱区

波谱区名称	波长范围	波数 /cm^{-1}	频率 /MHz	光子能量 /eV	跃迁能级类型
γ 射线	$5 \times 10^{-3} \sim 0.14$ nm	$2 \times 10^{10} \sim 7 \times 10^7$	$6 \times 10^{14} \sim 2 \times 10^{12}$	$2.5 \times 10^6 \sim 8.3 \times 10^3$	核能级
X 射线	$10^{-2} \sim 10$ nm	$10^{10} \sim 10^6$	$3 \times 10^{14} \sim 3 \times 10^{10}$	$1.2 \times 10^6 \sim 1.2 \times 10^2$	内层电子能级
远紫外光	$10 \sim 200$ nm	$10^6 \sim 5 \times 10^4$	$3 \times 10^{10} \sim 1.5 \times 10^9$	$125 \sim 6$	原子及分子的价电子或成键电子能级
近紫外光	$200 \sim 400$ nm	$5 \times 10^4 \sim 2.5 \times 10^7$	$1.5 \times 10^9 \sim 7.5 \times 10^9$	$6 \sim 3.1$	
可见光	$400 \sim 780$ nm	$2.5 \times 10^4 \sim 1.3 \times 10^4$	$7.5 \times 10^8 \sim 4 \times 10^8$	$3.1 \sim 1.7$	
近红外光	$0.75 \sim 2.5$ μm	$1.3 \times 10^4 \sim 4 \times 10^3$	$4.0 \times 10^8 \sim 1.2 \times 10^8$	$1.7 \sim 0.5$	分子振动能级
中红外光	$2.5 \sim 50$ μm	$4\,000 \sim 200$	$1.2 \times 10^8 \sim 6.0 \times 10^6$	$0.5 \sim 0.02$	
远红外光	$50 \sim 1\,000$ μm	$200 \sim 10$	$6.0 \times 10^6 \sim 10^5$	$2 \times 10^{-2} \sim 4 \times 10^{-4}$	分子转动能级
微波	$0.1 \sim 100$ cm	$10 \sim 2.5 \times 0.1$	$10^5 \sim 10^2$	$4 \times 10^{-4} \sim 4 \times 10^{-7}$	
射频	$1 \sim 1\,000$ m	$10^{-2} \sim 10^{-5}$	$10^2 \sim 0.1$	$4 \times 10^{-7} \sim 4 \times 10^{-10}$	核自旋能级

1.1.2 原子的能级

人们常用四个量子数来描述原子核外电子的运动状态,即电子的能量状态。原子中所有电子所处的能量状态也即代表原子在该状态时所具有的能量。在光谱学中,常常把原子所有可能的能级状态用图解的形式表示出来,并称其为原子能级图。原子在不同状态下所具有的能量常用能级图表示。

光谱是由电子在两个能级之间跃迁产生的,在能级图中用斜线表示,并标出相应的波长,单位为 nm。但是,并不是所有能级间都能产生辐射跃迁,能级之间的跃迁必须遵循光谱选择定则。对于周期表中所有元素的原子,其价电子跃迁所引起的能量变化 ΔE 一般在 $2 \sim 20$ eV 之间,按式 $\Delta E = E = h\nu = h\dfrac{c}{\lambda}$ 可以估算,所有元素的原子光谱的波长多分布在紫外光区及可见光区,仅有少数落在近红外光区。

物质能级的能量原则上可以用量子力学进行计算,只要知道能级的能量,便可以知道辐射跃迁所发射的波长。

一般说来,核能级间的能量相差很大,所以核能级间的跃迁发射最短波长的电磁波;原子中内层电子能级的间隔比核能级间隔小,但比外层电子的能级间隔要大很多,因而内层电子跃迁发射 X 射线,外层电子跃迁发射紫外光波及可见光波。原子的重量绝大部分集中于核上,因而可以近似地把它视为质点,所以原子没有振动和转动;但是分子则是由两个或两个以上的原子组成,因而除电子的运动外,还有原子间的相对振动,和分子作为整体的转动。与此相应,分子除有电子能级外,还有分子的振动能级与转动能级。

每一电子能级都有很多振动能级,而每一振动能级又有许多转动能级。电子能级间隔要比振动能级间隔大,而振动能级间隔又比转动能级间隔大。红外光谱来源于分子振动能级间跃迁,所以它的波长要比外层电子跃迁产生的紫外光波长及可见光波长长,而纯转动光谱则落在远红外光区。

由于物质的结构不相同,能级结构也不相同,因而各物质的光谱特征也不尽相同。所以可以利用光谱来分析物质的组成和结构。

从光子能量等于两能级能量之差这点还可以了解到,物质在吸收电磁波,即吸收能量时,便由低能级跃迁到高能级;而在辐射电磁波,即放出能量时,便由高能级回到低能级。由于能级差值是一定的,并不随发射和吸收而改变,所以同一物质相同能级间隔的发射光谱和吸收光谱波长是一样的,即发射光谱与吸收光谱在波长上是相同的,因此,发射光谱和吸收光谱都可以用来分析物质的组成和结构。

1.1.3 线光谱、带光谱和连续光谱

物质发射(或吸收)的光谱,既具有一定的波长,还具有一定的强度和一定的分布,如果光谱的分布是线状的,即每条光谱只具有很窄的波长范围,这种光谱称为线光谱。它多发生于气态原子或离子上,如气态氢原子光谱便是线光谱,如图 1.2 所示。

当光谱的分布是带状的,即在一定波长范围内连续发射或吸收,分不出很窄的线光谱而连成带时,这种光谱便称为带光谱。分子由于在电子跃迁(或不跃迁)的同时还有振动

图 1.2　气态氢原子光谱

能极与转动能级的跃迁,而后两者能级间隔很小,再加上在液态或固态分子间的相互作用使能级宽化,所以液态分子与固态分子的光谱多是带光谱。

如果光谱的分布在很大的波长范围内是连续的,即分不开线光谱与带光谱,这种光谱便称为连续光谱。多发生于高温炽热的物体上,这是物质跃迁到连续能级(非量子化)时产生的,多见于光谱背景上。例如,发射光谱分析中的炽热的电极头就发射连续光谱。

1.1.4　光谱强度

光谱的波长、强度和谱型是光谱的三要素。光谱分析时,根据特征谱线的波长进行定性分析;利用光谱的强度与浓度的线性关系进行定量分析;根据谱型就能了解主要量子跃迁类型和光谱产生内在规律。

光谱的波长由两能级间能量之差来决定,而光谱的强度则与能级间的跃迁概率、粒子(原子、离子或分子等)数目及粒子在能级间的分布这三者有关。如果某两个能级之间的电磁跃迁概率为零,则相应的光谱强度为零,即不出现这条谱线,则称这种跃迁为禁阻跃迁;如果跃迁概率不为零,则称这种跃迁是允许的。说明能级之间的跃迁是否允许的规律称为光谱选律。对于各谱线(或各谱带)之间的相对强度,其只与能级间的跃迁概率及粒子在能级间的相对数目有关。跃迁概率最大的跃迁及上能级相对粒子分布最多的跃迁,其发射的光子最强,即谱线最灵敏。而吸收光谱强度则是跃迁概率最大及粒子分布之差最多的两能级之间的吸收光谱最强。光谱定量分析灵敏线的选择是基于这些原理进行。一般说来,最低能级与最低激发态之间跃迁(即共振跃迁)的概率最大,因而一般情况下是最灵敏线。

但是在发射光谱中,上能级(态)粒子的数目受激发条件的影响而改变,光谱的绝对和相对强度与实验激发条件密切相关,因此,如何选择好激发条件,便成为光谱定量分析的重要问题。发射粒子数受两个因素影响,一个是发射光谱物质的总粒子数,一般说来总粒子数越大,则发射粒子数也越大,这也是光谱定量分析的依据;另一个是在相同总粒子数下,发射粒子的数目随激发条件的改变而变化,在一定的总粒子数下,为了使发射粒子数增大,使灵敏度提高,要选择使发射粒子数尽量增大的操作条件。

1.2　发射光谱和吸收光谱

物质的原子光谱和分子光谱,依其获得方式的不同可分为发射光谱和吸收光谱。

1.2.1 发射光谱

在一般情况下,如果没有外能的作用,无论原子、离子或分子都不会自发产生光谱。如果预先给原子、离子或分子一些能量,使其由低能态或基态跃迁到较高能态,当其返回低能态或基态时,能量往往以辐射的形式发出,由此而产生的光谱称为发射光谱。通过测量物质发射光谱的波长和强度来进行定性和定量分析的方法,称为发射光谱法,其中应用最广的是原子发射光谱法。

在发射光谱中,物质可以通过不同的激发过程来获得能量,变为激发态,通常吸收辐射而激发的原子或分子,倾向于在很短时间内($10^{-9} \sim 10^{-7}$ s)返回到基态。在一般情况下,这一过程主要是通过激发态粒子与其他粒子碰撞,将激发能转变为热能来实现(称为无辐射跃迁);但在某些情况下,这些激发态粒子可能先通过无辐射跃迁过渡到较低的激发态,然后再以辐射跃迁形式返回到基态,或者直接以辐射形式跃迁回基态,由此获得的光谱称为荧光光谱,它实际上也是一种发射光谱(二次发射)。

根据原子或分子的特征荧光光谱来研究物质的结构及其组成的方法,称为荧光光谱分析法。通常情况下,分子荧光用紫外光激发;原子荧光用高强度锐线辐射源激发;X 射线荧光用初级 X 射线激发。物质的荧光波长可能比激发光波长长,或者相同,若相同则称为共振荧光。对于浓度较低的气态原子,主要发射共振荧光;而处于溶液中的激发态分子,所发射的分子荧光的波长一般比激发光的波长要长。

辐射与物质相互作用还可发生散射,分子吸收辐射能后被激发至基态中较高的振动能级,在返回比原振动能级稍高或稍低的振动能级时,重新以辐射的形式放出能量,这时不仅改变了辐射方向,还改变了辐射频率,这种散射称为拉曼散射,其相应的光谱称为拉曼光谱。拉曼光谱谱线与入射光谱谱线的波长之差,反映了散射物质分子的振动-转动能级的改变,因此利用拉曼散射可以在可见光区研究分子的振动光谱和转动光谱。

发射光谱法的主要方法见表 1.2。

表 1.2 发射光谱法的主要方法

方法名称	激发方式	作用物质	检测信号
X 射线荧光光谱法	X 射线 (0.01~2.5 nm)	原子内层电子的逐出,外层能级电子跃入空位(电子跃迁)	特征 X 射线 (X 射线荧光)
原子发射光谱法	火焰、电弧、火花、等离子炬等	气态原子外层电子	紫外光及可见光
原子荧光光谱法	高强度紫外光及可见光	气态原子外层电子跃迁	原子荧光
分子荧光光谱法	紫外光及可见光	分子	荧光(紫外光及可见光)
磷光光谱法	紫外光及可见光	分子	磷光(紫外光及可见光)
化学发光法	化学能	分子	可见光

1.2.2 吸收光谱

当辐射通过气态、液态或透明的固态物质时,物质的原子、离子或分子将吸收与其内能变化相对应的频率而由低能态或基态跃迁到较高的能态,这种因物质对辐射的选择性吸收而得到的原子光谱或分子光谱,称为吸收光谱。利用物质的特征吸收光谱来研究物质的结构和测定其组成的方法,称为吸收光谱法。

分子吸收光谱一般用连续光源,其特征吸收波长与分子的电子能级、振动能级和转动能级有关,因此在不同波谱区辐射作用下可产生紫外、可见和红外吸收光谱。原子吸收光谱一般用锐线光源,其特征吸收波长与原子的能级有关,一般位于紫外光区、可见光区和近红外光区。

核磁共振光谱,其特征吸收波长与原子核的核磁能级有关,由于核磁能级之间的能量差值很小,所以吸收波长位于能量最低的射频区。

一般物质的发射光谱较为复杂,吸收光谱次之,荧光光谱最简单,这些光谱在近代分析化学中都具有重要意义。物质的原子光谱多采用发射、吸收及荧光的方法来获得,而物质的分子光谱则多采用吸收法及荧光法来得到。

吸收光谱法的主要方法见表 1.3。

表 1.3　吸收光谱法的主要方法

方法名称	辐射能	作用物质	检测信号
穆斯堡尔光谱法	γ 射线	原子核	吸收后的 γ 射线
X 射线吸收光谱法	X 射线 放射性同位素	$Z>10$ 的重元素原子的内层电子	吸收后的 X 射线
原子吸收光谱法	紫外光及可见光	气态原子外层的电子	吸收后的紫外光及可见光
紫外－可见分光光度法	紫外光及可见光	分子外层的电子	吸收后的紫外光及可见光
红外吸收光谱法	炽热硅碳棒等 $2.5\sim15\ \mu m$ 红外光	分子振动	吸收后的红外光
核磁共振波谱法	$0.1\sim900$ MHz 射频	原子核磁量子 有机化合物分子的质子、^{13}C 等	吸收
电子自旋共振波谱法	$10\ 000\sim80\ 000$ MHz 微波	未成对电子	吸收
激光吸收光谱法	激光	分子(溶液)	吸收
激光光声光谱法	激光	分子(气、固、液体)	声压
激光热透镜光谱法	激光	分子(溶液)	吸收

1.3　光谱分析法的分类及特点

1.3.1　光谱分析法的分类

光谱分析法按产生光谱的基本微粒的不同可分为原子光谱法和分子光谱法,根据辐射传递的情况又可分为发射光谱法和吸收光谱法。发射光谱法根据光谱所在区域和激发方式不同,又分为 γ 射线光谱法、X 射线荧光光谱法、原子发射光谱法(AES)、原子荧光法和分子荧光法。吸收光谱法根据所在光谱区不同又分为穆斯堡尔光谱法、紫外-可见分光光度法、原子吸收光谱法(AAS)、红外吸收光谱法、顺磁共振法、核磁共振光谱法。

1.3.2 光谱分析法的特点

1.光谱分析法的优点

光谱分析法很多,不同光谱分析法都有各自的特点,在这里将它们的共同特点总结如下。

①具有较好的灵敏度、检出限和较快的分析速度。原子发射光谱法最低检出限是 0.1 ng/mL,而原子荧光法和石墨炉原子吸收法最低检出限小于 0.1 ng/mL 。X 射线荧光光谱法,最低检出限可达 1 000 ng/mL。要实现微量分析和痕量分析,就要提高分析灵敏度,目前有些光谱分析法的相对灵敏度已达到质量分数为 10^{-9} 数量级,绝对灵敏度已达 10^{-11} g 甚至更小些。

在分析速度方面,光谱分析法是比较快速的。例如,原子发射光谱法用于炉炼钢前,二十多种元素在 2 min 内报出结果。目前 ICP-AES(电感耦合等离子体原子发射光谱)分析含量从常量到痕量的试样,可在 2 min 内报出七十多种元素的测定结果。

②使用试样量少,适合微量和超微量分析。这是光谱分析法又一个显著的特点。采用激光显微光源和微火花光源时,每次试样量只需几微克;采用石墨炉原子吸收法分析时,液体样品只需几微升至几十微升,固体粉末只需几十微克。X 射线荧光光谱法取样 0.1~0.5 mg 即可进行主要成分测定。

③多元素同时测定是光谱分析法的又一特点,省去了复杂的分离操作。

④光谱分析法特别适合于远程的遥控分析,如星际有关组分的遥控测定。

⑤样品损坏少,因此可用于古物以及刑事侦查等领域。

⑥光谱分析的选择性好,可测定化学性质相近的元素和化合物。如测定铌、钽、锆、铪和混合稀土氧化物,它们的谱线可分开而不受干扰,便于分析。

2.光谱分析法的局限性

光谱分析法有广泛的应用范围和多种优越性,但一切分析方法都不是完美的,光谱分析法在应用上还有一定局限性,包括以下几点。

①原子发射光谱法对某些元素的测定还有困难,如超钠元素和铜、锌、镁等元素至今尚未掌握其激发电位和最灵敏线。对于激发电位过高,灵敏线在远紫外光区的元素,如惰性气体、卤素等,难于用原子吸收法、X 射线荧光光谱法进行测定。采用 X 射线荧光光谱法分析原子序数较小的轻元素要比分析重元素困难得多,而且检出限也较差。

②要完全避免基体效应难度很大。原子发射光谱法、原子吸收光谱法及原子荧光法等都存在基体效应,它影响分析的准确度和精密度。特别是用原子发射光谱法分析高含量元素时,基体效应影响更大,准确度更差。

③光谱分析法是一种相对测定方法,一般需用纯品与标准样品做对照,试样组成差异和标准样品的不易获得,均会给定量分析造成很大难度。

④仪器昂贵,特别是大型精密仪器。同时,仪器的维修维护费用也较高。

一些常见光谱分析法及其特点见表1.4。

表 1.4　常见光谱分析法及其特点

方 法			原子吸收光谱法	原子发射光谱法	X 射线荧光光谱法
原理			利用待测元素的基态原子对其特征辐射的吸收	根据待测元素的气态原子或离子所发射的特征光谱	利用初级 X 射线激发待测元素的原子所产生的特征 X 射线
定性基础			不同元素有不同波长位置的特征吸收	每种元素都有其特征的线光谱	不同元素有不同的特征 X 射线
定量基础			吸光度∝浓度	谱线强度∝浓度	荧光强度∝浓度
相对误差			1%～5%	1%～10%	1%～5%
样品	形态		溶液(固体)	固体、液体	固体、液体
	需要量		几毫升以上	mg	g
应用范围	适用对象		金属元素的极微量到半微量分析	金属元素的极微量到半微量分析	金属元素常量分析
	不适用对象		有机物	有机物	原子序数 5 以下的元素,有机物
	有机	定性	不适用	不适用	不适用
		定量	不适用	不适用	不适用
	无机	定性	(可以用)	很适用	很适用
		定量	很适用	可以用	很适用
仪器	名称		原子吸收分光光度计	发射光谱仪	X 射线荧光光谱仪
	测定时间		几分钟至十几分钟	摄谱 5～60 min,直读 1 min	5～60 min

方 法			紫外—可见分光光度法	红外吸收光谱法
原理			根据物质的分子或离子团对紫外光及可见光的特征吸收	根据物质分子对红外光辐射的特征吸收
定性基础			每种物质都有其特征吸收光谱	各种官能团有其特定的波长吸收范围
定量基础			吸光度∝浓度	吸光度∝浓度
相对误差			1%～5%	1%～5%
样品	形态		溶液(固体)	气体、液体、固体
	需要量		几毫升	几毫升至几十毫升
应用范围	适用对象		金属元素及部分非金属元素的定量分析,芳烃、多环芳烃及杂环化合物等的定性定量分析	有机官能团的定性定量,芳环取代位置的确定,高聚物分析等
	不适用对象		紫外光区没有生色团的物质	—
	有机	定性	可以用	很适用
		定量	很适用	可以用
	无机	定性	可以用	可以用
		定量	很适用	可以用

续表 1.4

方法		紫外—可见分光光度法	红外吸收光谱法
仪器	名称	紫外—可见分光光度计	红外光谱仪
	测定时间	几分钟	几分钟至十几分钟
方法		拉曼光谱法	核磁共振光谱法
原理		基于样品受单色光照射,由极化率改变所引起的拉曼位移	利用物质吸收射频辐射引起核自旋能级跃迁而产生的核磁共振光谱
定性基础		各种官能团都有其特征拉曼位移	不同化学环境的质子或 ^{13}C 等有不同的化学位移
定量基础		拉曼谱线的强度∝浓度	吸收峰的面积∝浓度
相对误差		2%～5%	2%～5%
样品	形态	气体、液体、固体	液体(固体)
	需要量	mg	mg
应用范围	适用对象	与红外光互相补充,可进行结构分析及定性定量分析	结构分析及有机物的定性定量分析
	不适用对象	有荧光的物质	高黏稠物质
	有机 定性	可以用	很适用
	定量	可以用	可以用
	无机 定性	不适用	不适用
	定量	可以用	不适用
仪器	名称	激光拉曼光谱仪	核磁共振仪
	测定时间	几分钟至二十几分钟	几分钟至 24 h

习　题

1.钠原子的发射波长为 589 nm 的黄光,其频率是多少?

2.写出下列各种跃迁所需的能量范围(以 eV 表示)。

(1)原子内层电子跃迁。

(2)原子外层电子跃迁。

(3)分子的价电子跃迁。

(4)分子振动能级的跃迁。

(5)分子转功能级的跃迁。

3.将以下描述电磁波波长(在真空中)的量转换成以 m 为单位的值。

(1)500 nm　　(2)1 000 cm^{-1}　　(3)10^{15} Hz　　(4)165.2 pm

4.请分别按能量递增和波长递增的顺序排列下列电磁辐射区:红外光,无线电波,可见光,紫外光,X 射线,微波。

5. 波长为 0.25 nm 的光子的能量是多少？

6. 下列波长分别在电磁波的什么区域？

　　1 cm,0.8 μm,10μm,100 nm, 250 nm,500 nm,10 nm

7. 下列波数分别在电磁波的什么区域？

　　983 cm^{-1},3.0×10^4 cm^{-1},5.0 cm^{-1},8.7×10^4 cm^{-1}

8. 计算 530 nm 光所对应的频率、波数和光子能量。

9. 波数为 2.5×10^{-5} cm^{-1} 的光子的能量是多少？

10. 频率为 4.0×10^{15} s^{-1} 的电磁波,其光子的能量是多少？

第2章 原子发射光谱法

2.1 原子发射光谱法概述

2.1.1 发展概况

原子发射光谱法(AES)是依据各种元素的原子或离子在热激发或电激发下发射的特征电磁辐射,而进行元素的定性与定量分析的方法,是光谱学各个分支中最为古老的一种。

17 世纪中叶,牛顿利用三棱镜观察到了太阳光谱,就此拉开了光谱学的序幕。在 19 世纪初,沃拉斯顿(Wollaston)采用狭缝分光装置获得了清晰的光谱线。1860 年德国学者基尔霍夫(Kirchhoff G. R.)和本生(Bunsen R. W.)利用分光镜研究盐和盐溶液在火焰中加热时所产生的特征光辐射,从而发现了铷(Rb)和铯(Cs)两元素。其实在更早的时候(1826 年)泰尔博(Talbot)就说明了某些波长的光线是表征某些元素的特征。从此以后,原子发射光谱就为人们所关注。19 世纪 80 年代,罗兰(Rowland)成功地刻出了较好的光栅,提高了测量谱线波长的精度,同时发明了凹面光栅,改善了光谱仪的结构和性能。与此同时,许多学者还开展了光谱学理论的研究工作,发现了氢光谱的 5 个线系。尤其是 1913 年玻尔(Bohr)原子结构理论的出现,为光谱分析提供了理论基础,使光谱学得到了很大发展。1920 年,德格拉蒙特(De Gramom)根据当时的实际需要和理论的可能性,建立了光谱定量分析法,但这只是半定量的分析法。盖拉赫(Gerlach)提出了内标原理,后来这个原理经过适当修改成了准确的定理,奠定了光谱定量分析的基础。1930 年左右罗马金(Lomakin)和赛伯 (Scherbe)分别提出了定量分析的经验公式,建立了光谱定量分析的理论基础。

在发现原子发射光谱以后的许多年中,其发展都很缓慢,主要是因为当时对有关物质痕量分析技术的需求并不迫切。到了 20 世纪 30 年代,人们已经注意到了某些浓度很低的物质,对金属、半导体性质的改变,对生物的生理作用以及对诸如催化剂及其毒化剂的作用是极为显著的,而且地质、矿产业的发展,使人们对痕量分析有了迫切的需求,因而促使了原子发射光谱法的迅速发展,使其成为仪器分析中一种很重要的、应用很广的方法。而到了 50 年代末、60 年代初,随着原子吸收光谱法的崛起,原子发射光谱法中的一些缺点使它与原子吸收光谱法相比有所逊色,出现了一种原子吸收光谱法欲取代原子发射光谱法的趋势。但是到了 70 年代以后,由于新的激发光源(如 ICP、激光等)的应用,新的进样方式的出现,以及先进的电子技术的应用,古老的原子发射光谱法分析技术得到复苏,并再次成为仪器分析中的重要分析方法之一。

2.1.2 原子发射光谱法的特点

1. 原子发射光谱法的优点

原子发射光谱法之所以受到普遍重视和广泛应用,是因为它具有如下主要优点。

①多元素同时检出能力强。原子发射光谱法可同时检测一个样品中的多种元素。样品一经激发,样品中各元素都各自发射出其特征谱线,原子发射光谱法可以分别进行检测,同时测定多种元素。

②选择性好。因为不同元素能辐射出不同波长的线光谱,所以只要选择好工作条件,对复杂的样品中化学性质十分相近的元素也可以不经分离就能同时和连续测定。由于光谱的特征性强,所以对于一些化学性质极相似的元素的分析具有特别重要的意义。

③检出限低。检出限一般为 $0.1 \sim 1 \mu g \cdot g^{-1}$,绝对值为 $10^{-9} \sim 10^{-8} g$。用电感耦合等离子体(ICP)新光源,检出限可低至 $ng \cdot mL^{-1}$ 数量级。

④用 ICP 新光源时,准确度高,标准曲线的线性范围宽,为 $4 \sim 6$ 个数量级;可同时测定高、中、低含量的不同元素。因此 ICP-AES 已广泛应用于各个领域之中。

⑤分析速度快。试样多数不需经过化学处理就可分析,且固体、液体试样均可直接分析,同时还可多元素同时测定,若用光电直读光谱仪,则可在几分钟内同时做几十个元素的定量测定。

⑥消耗的样品少。一般只需要几毫克至几十毫克的试样,甚至宏观上可不破坏样品。

2. 原子发射光谱法的缺点

①在经典分析中,影响谱线强度的因素较多,尤其是试样组分的影响较为显著,所以对标准参比的组分要求较高。

②含量(浓度)较大时,准确度较差。

③只能用于元素分析,不能进行结构、形态的测定。

④大多数非金属元素难以得到灵敏的光谱线。

2.1.3 原子发射光谱法的主要应用

原子发射光谱法在科学研究和生产实践的各个领域中都得到了广泛应用,尤其是在地质、冶金、机械等方面应用更为广泛。对于地质勘探、普查、找矿,原子发射光谱法可以对大量样品中多种元素进行快速分析,为确定物质组成、研究地质规律、指导采矿提供可靠资料,对地质填图、圈定地球化学异常起到了很大作用;在冶金、机械工业及轻化工业方面,原子发射光谱法可以对原材料、半成品及成品进行检验,还可进行炉前快速分析,用来及时纠正钢液成分,对于控制冶炼过程、缩短冶炼时间、提高和控制产品质量等具有指导意义;此外还可以分析金属中的某些气体元素,从而判断金属的强度、脆性、抗腐蚀等性能;在核工业中,其可用于分析核燃料中杂质元素含量以及同位素及其相对丰度的测量。

另外,原子发射光谱法在国防工业、电子工业、农业、医疗、石油、环保、食品工业等方面也有重要地位,目前仍是一种广泛应用的分析方法,主要用于微量和痕量元素的分析,可对绝大部分金属元素、稀土元素,大部分非金属元素及部分气体元素进行准确的测定。

2.2 原子发射光谱法的基本原理

2.1.1 谱线的产生

1. 原子的核壳结构

原子是由原子核和核外电子组成的。原子核是由带正电荷的质子和不带电的中子组成的。一个原子中的电子数目等于原子核内带正电荷的质子数,所以常态下整个原子呈电中性状态。不同元素原子核中质子数的不同,决定了不同元素有不同的性质。原子中的每个电子都具有一定的能量,并且电子在原子核外是按能量的高低分布的。电子能量的高低与电子在核外的运动状态有关,而每个电子在核外的运动状态都可以用量子理论的几个量子数来描述,即主量子数 n、角量子数 l、磁量子数 m_l 和自旋量子数 m_s。

(1)主量子数 n。

主量子数 n 表示核外电子离原子核的远近,决定电子的能量。n 值越大,电子离核越远,电子的能量越高。n 的取值为 $1,2,3,\cdots$ 任意正整数。习惯上常把主量子数 $n=1,2,3,4,\cdots$ 用 $K,L,M,N,\cdots$ 来分别表示。主量子数决定了体系的主要能量,可近似地表示为

$$En = \frac{-Z^2 Rhc}{n^2} = -13.6\,\frac{Z^2}{n^2}\quad (\text{eV}) \tag{2.1}$$

式中,Z 为核电荷数;R 为里德堡(Rydberg)常数;c 为光速;h 为普朗克(Planck)常数。

如果考虑到电子屏蔽的相互影响,较精确的表达式为

$$En = -13.6\,\frac{(Z-\sigma)^2}{n^2}\quad (\text{eV}) \tag{2.2}$$

(2)角量子数 l。

角量子数 l 既表示电子在空间不同角度出现的概率,即电子云的形状,也表示电子绕核运动的角动量,常用 $l=1,2,\cdots,n-1$ 及其相对应的电子云符号 s,p,d,f,$\cdots$ 表示。它决定了体系的角动量 P_l,即

$$P_l = \sqrt{l(l+1)}\,\frac{h}{2\pi} \tag{2.3}$$

可见角量子数越大,角动量越大,所以在同一层中其能量由高至低的顺序为

$$\text{s,p,d,f,}\cdots$$

(3)磁量子数 m_l。

磁量子数 m_l 表示电子云在空间的不同取向,电子云不仅有一定的形状,而且还会沿一定的方向在核外空间伸展。m_l 决定磁场中,电子运动在不同伸展方向的角动量分量。m_l 的取值为 $-l \sim +l$,即可取 $0,\pm1,\pm2,\cdots,\pm l$。同一个 l 值时,有 $2l+1$ 个不同 m_l 值,即电子云有 $2l+1$ 个空间取向、$2l+1$ 种状态,当没有外磁场存在时,各种状态是简并的,能量一样。当它们在外磁场作用下时,由于电子云的伸展方向不同,会发生分裂而出现微小的能量差别。

（4）自旋量子数 m_s。

自旋量子数 m_s 代表电子的自旋方向。电子的自旋可以看成是顺时针方向和逆时针方向两种，取值为 $\pm\dfrac{1}{2}$。

根据能量最低规则、泡利不相容原理及洪特规则，可以对多电子原子进行核外电子的排布，形成原子的壳层结构，n 称为主壳层，l 称为支（或亚）壳层。如钠原子的壳层结构，见表 2.1。

表 2.1　钠原子的壳层结构

核外电子排布	价电子构型	价电子运动状态量子数表示
$(1s)^2(2s)^2(2p)^6(3s)^1$	$(3s)^1$	$n=3$ $l=0$ $m_l=0$ $m_s=1/2(\text{或}-1/2)$

氢原子是最简单的原子，只有一个电子绕核运动，其运动状态由该电子的运动状态所决定。这种填充在未充满支壳层的电子称为价电子，也称为光学电子，原子光谱的产生与价电子直接相关。其他的多电子原子可以看成是由价电子与除价电子之外的其余电子同原子核形成的原子实（atomic kernel）所组成。由于对称性，所有在原子实中的电子形成合动量矩等于零的闭合壳层。因此，多电子原子的运动状态仅由价电子的运动状态所决定，同时，在多电子原子中，不仅是它的每一个价电子（光学电子）都可能跃迁而产生光谱，而且各个价电子之间还存在相互耦合作用，它们的运动状态是各个价电子原来运动状态的一种新的组合，产生的光谱项由 4 个量子数 n、L、S、J 来描述。

（1）n 为主量子数。

n 为主量子数，与个别单独价电子的主量子数相同，取值仍为任意正整数。

（2）总角量子数 L。

总角量子数 L 说明轨道和轨道的相互作用，其数值为外层价电子角量子数 l 的矢量和，即

$$L=\sum_i l_i \tag{2.4}$$

若有两个价电子，其角量子数 l_1 和 l_2 耦合所得的总角量子数 L 与单个价电子的角量子数有如下的取值关系：

$$L=(l_1+l_2),(l_1+l_2-1),(l_1+l_2-2),\cdots,|l_1-l_2| \tag{2.5}$$

其值可能为 $L=0,1,2,3,\cdots$，相应的光谱项符号为 $S,P,D,F,\cdots$，共 $(2L+1)$ 个值。若价电子数为 3，应先把 2 个价电子的角量子数的矢量和求出，再与第三个价电子求出矢量和，就是 3 个价电子的总角量子数，依此类推。

（3）总自旋量子数 S。

价电子自旋与自旋之间的相互作用也是较强的，多个价电子的总自旋量子数是单个价电子量子数 m_s 的矢量和，即

$$S = \sum_i m_s, i \tag{2.6}$$

S 的取值为 $S = \dfrac{N}{2}, \dfrac{N}{2} - 1, \dfrac{N}{2} - 2, \cdots, \dfrac{1}{2}$ 或 0；N 为价电子数，当电子数为偶数时，S 值为 0 或正整数；当电子数为奇数时，S 值为正半整数。

应该指出，S 和 L 会产生相互作用，分裂为 $2S+1$ 个能量稍微不同的能级，是产生多重线光谱的原因，称为光谱的多重性，在光谱项符号中以 M 表示，$M = 2S + 1$。

（4）总角量子数 J。

总角量子数 J（也称总内量子数）是轨道运动与自旋运动的相互作用，即轨道磁矩与自旋磁矩相互作用的结果，是 L 与 S 的矢量和，表示为 $J = L + S$。取值为

$$J = (L+S), (L+S-1), (L+S-2), \cdots, |L-S| \tag{2.7}$$

$$J = \begin{cases} L+S, \cdots, L-S (L \geqslant S) \\ S+L, \cdots, S-L (S > L) \end{cases}$$

因此，当 $L \geqslant S$ 时，J 有 $2S+1$ 个数值；当 $S > L$ 时，J 有 $2L+1$ 个数值。J 的每一个值，称为一个光谱支项。一个原子中光谱支项的数目小于或等于光谱的多重项数目。

2. 原子的能级与能级图

（1）光谱项符号。

在光谱学上，常用光谱项来表示整体原子的状态，即原子所处的能级。光谱项常用 n、L、S、J 4 个量子数来表示，其符号表示方法为 $n^{2S+1}L_J$，其中 n 是主量子数；L 是原子的总角量子数，用大写英文字母 $S, P, D, F, G, \cdots$ 表示，$L = 0, 1, 3$；J 为总角量子数。

光谱项中 $2S+1$ 的数值写在左上角，称为光谱项的多重性，也可用符号 M 表示。J 值注在 L 符号的右下角表示光谱支项，当 $L \geqslant S$ 时，对某一确定的 L 和 S 值，将有 $2S+1$ 个具有不同 J 值的光谱支项；而当时 $L < S$，则有 $2L+1$ 个不同 J 值的光谱支项。由于 L 与 S 的相互作用，光谱支项的能级略有不同，略有不同的能级在光谱中形成距离很近的线，称为多重线。对于只有一个价电子的碱金属元素，由于 $S = \dfrac{1}{2}$，所以碱金属元素的多重性都是 2，它们的谱线都是双重线。而对于有两个价电子的元素，由于两个价电子的自旋方向可能相同也可能相反，若同向自旋则相叠加，若反向自旋则相抵消，因此 S 值既可以是 1 也可以是 0，多重性为 3 和 1，谱线表现为三重线和单线。而对于价电子数更多的元素，随着价电子数的增加 S 值增多，多重性也随之复杂。各类原子的多重性见表 2.2，表中列出了元素的价电子数与谱线多重性之间的关系。

例如，钠原子基态价电子的构型为 $(3S)^1$，$n = 3$，$l = 0$，$s = 1/2$，则光谱项为：

$n = 3$，$L = 0$，$S = 1/2$，$M = 2 \times 1/2 + 1 = 2$（双重项态），因为 $L < S$，所以 J 的数目为 $2L+1 = 1$，即只有一个光谱支项，$J = 0 + 1/2 = 1/2$，所以光谱项符号为 $3^2S_{1/2}$（双重线态，但只有一个能级）。

而第一激发态价电子构型为 $(3P)^1$，$n = 3$，$l = 1$，$s = 1/2$，则光谱项为：

$n = 3$，$L = 1$，$S = 1/2$，$M = 2$（双重项态），因为 $L > S$，所以 J 的数目为 $2S+1 = 2$，即有两个光谱支项，$J = 3/2, 1/2$，所以光谱项符号为 $3^2P_{3/2}$，$3^2P_{1/2}$。

表 2.2　各类原子的多重性

价电子数	总自旋量子数 S	多重性 $2S+1$	元素
1	$\dfrac{1}{2}$	2	Li　Na…
2	0　1	1　3	Be　Mg…
3	$\dfrac{1}{2}$　$\dfrac{3}{2}$	2　4	Sc　Y…
4	0　1　2	1　3　5	Ti　Zr…
5	$\dfrac{1}{2}$　$\dfrac{3}{2}$　$\dfrac{5}{2}$	2　4　6	V　Nb…
6	0　1　2　3	1　3　5　7	Cr　Mo…
7	$\dfrac{1}{2}$　$\dfrac{3}{2}$　$\dfrac{5}{2}$　$\dfrac{7}{2}$	2　4　6　8	Mn　Re…
8	0　1　2　3　4	1　3　5　7　9	Fe　Co　Ni…

（2）原子能级图及原子光谱产生。

n、L、S、J 4 个量子数所规定的实际上也是电子的能量状态,因为电子的运动状态决定能量状态,也代表了原子处于一定状态时所具有的能量。原子在不同状态下所具有的能量是不同的。把原子中所有可能存在运动状态的光谱项 —— 能级及能级跃迁用图解的形式表示出来,称为能级图。图 2.1 所示为氢原子的能级图。

由氢原子的能级图可以看出,一个原子具有许多个能级,即可以具有许多种能级。其中最低的能级状态称为基态,它是最稳定的状态,电子处于基态的原子称为基态原子,一般情况下,原子处于这个稳定的状态。若基态原子在激发光源(即外界能量)的作用下,获得足够的能量,外层电子跃迁到较高能级状态的激发态,这个过程称为激发。处在激发态的原子是很不稳定的,在极短的时间内(10^{-8} s)外层电子便跃迁回基态或其他较低的能态而释放出多余的能量。释放能量的方式可以是通过与其他粒子的碰撞,进行能量的传递,这是无辐射跃迁;也可以是以一定波长的电磁波,即光的形式释放出来。原子的能级是量子化的,所以放出的能量具有确定数值,而不是连续的,因此会辐射出一条具有一定波长的光谱线。显然,当电子在某两个能级之间跃迁时,要吸收或放出等于这两个能级之间能量差的能量。若设 E_2 及 E_1 分别为高能态与低能态的能量;E_p 为辐射光子的能量;ν、λ、$\tilde{\nu}$ 分别为电磁波的频率、波长、波数,则其释放的能量及辐射线的波长(频率)要符合波尔的能量定律,即

$$\Delta E = E_2 - E_1 = E_p = h\nu = \frac{hc}{\lambda} = h\tilde{\nu}c \tag{2.8}$$

式中,c 为光速;h 为普朗克常数。

当能量单位采用电子伏特,把 $h = 4.136\,2 \times 10^{-15}$ eV·s,$c = 2.997\,9 \times 10^{17}$ nm·s^{-1} 代入上式,则有

$$\lambda = \frac{hc}{\Delta E} = \frac{1\,240.0}{\Delta E} \quad (\text{nm}) \tag{2.9}$$

由此可见,谱线的波长仅与原子中两能级之间的能量差有关。所以只要知道两个能

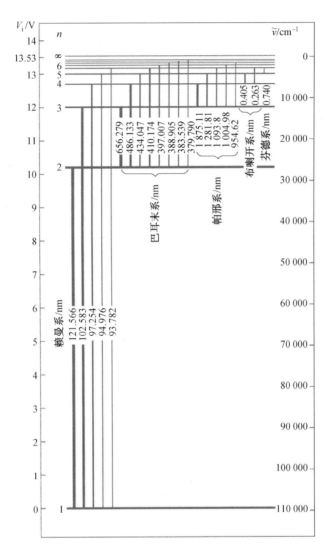

图 2.1　氢原子的能级图

级之间的能量差，就可以求出电子在这两个能级之间跃迁时辐射的波长；反过来若已知谱线波长也可求出产生该谱线的两能级能量差。

例如，已知钠原子的基态和最低激发态之间的能量差为 2.1 eV，根据式(2.9)可计算出电子在这两个能级之间跃迁时所辐射出的光谱线波长为

$$\lambda = \frac{1\,240.0}{2.1} = 590.48(\text{nm})$$

与实测值 588.996 nm 和 589 nm、593 nm 很接近。

由于一个原子中的电子能级数目是很多的，原子吸收了不同能量后，电子就会跃迁到不同的激发态上，由不同的高能级向不同的低能级跃迁可以辐射出不同波长的谱线，所以一种元素所产生的谱线就有许多条。如果激发光源能提供足够的激发能力，产生的谱线数目直接取决于原子内能级的数目，设原子内总的能级数目为 n 个，在理论上发射的谱线

条数应为 $n(n-1)/2$，当 n 值很大时，约为 $n^2/2$。

电子由激发态直接返回到基态时所辐射的谱线称为共振线。其中从能量最低的激发态即第一激发态返回到基态时所产生的谱线称为第一共振线，也称为主共振线。由于发生这个跃迁时所需要的能量最小，所以这个跃迁最容易激发，同时由于跃迁概率最大，产生的谱线强度也最大，利用第一共振线进行分析时的灵敏度最高，因此把它称为最灵敏线。以上所说共振线这个术语是较为广泛的定义，从狭义上说，共振线仅指上述的第一共振线即主共振线。如果基态是多重态结构，则只有跃迁到最低多重态时所发射的谱线，才称为共振线。

对于多电子原子，随着核外电子数目的增多，原子能级越来越复杂。一般在研究多电子原子的光谱时，可以把多电子原子看成是由价电子与一个原子实所组成的。根据原子实的模型，碱金属原子可以看作是由一个价电子和一个原子实组成，碱土金属原子可以看作是由两个价电子与一个原子实组成，等等。而碱金属原子的光谱可以认为是由这一个价电子的跃迁所引起的，但它与氢原子光谱不同，因为这个电子的状态和能级不仅与主量子数有关，而且还与角量子数等有关。在氢原子中，由于它只有一个电子，电子能级只与主量子数有关，在同一主量子数中只有一个能级。但在碱金属原子及其他原子中则分裂成几个能级，且能级高低各不相同。图 2.2 和图 2.3 分别是钠原子和镁原子的能级图。

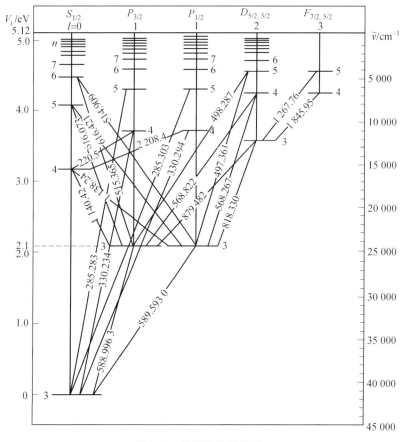

图 2.2　钠原子的能级图

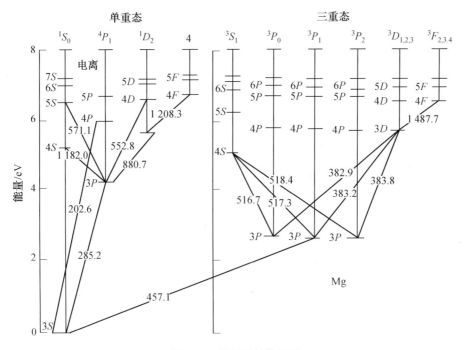

图 2.3　镁原子的能级图

能级图中通常用纵坐标表示能量 E，单位为 eV 或 cm^{-1}，基态原子的能量很低，表示为 $E=0$。能级的高低用一系列水平线来表示，最下面的一条水平线表示基态，也表示横坐标。发射的谱线为两能级间斜线相连。钠原子的第一激发态光谱项为 $3^2P_{\frac{3}{2}}$、$3^2P_{\frac{1}{2}}$ 两个支项，基态为 $3^2S_{\frac{1}{2}}$，所以发射两条共振线是钠原子最强的钠 D 双重线，用光谱项表示为（一般低能级光谱线写在前，高能级光谱线写在后）

$$Na\ 588.996\ nm \quad 3^2S_{\frac{1}{2}} —— 3^2P_{\frac{3}{2}} \text{钠 D2 线}$$

$$Na\ 589.593\ nm \quad 3^2S_{\frac{1}{2}} —— 3^2P_{\frac{1}{2}} \text{钠 D1 线}$$

必须指出，不是在任何两个能级之间都能产生跃迁，跃迁需遵循一定的选择规则，称为"光谱选律"。只有在符合下列"光谱选律"的两个能级间，才能发生跃迁。

①$\Delta n=0$ 或任意正整数。

②$\Delta L=\pm 1$，跃迁只允许在 S 项和 P 项之间，P 项和 S 项或 D 项之间，D 项和 P 项或 F 项之间进行。

③$\Delta S=0$（即 $\Delta M=0$），即单重项只能跃迁到单重项，三重项只能跃迁到三重项。

④$\Delta J=0$ 及 ± 1，但当 $J=0$ 时，$\Delta J=0$ 的跃迁是禁戒的。

在外磁场中，由于原子的磁矩与外加磁场的作用，光谱支项还会进一步分裂，每一个光谱支项还包含着 $2J+1$ 个能量状态。无外磁场作用时，它们的能量是相同的，在外磁场作用下，简并的能级分裂为能量相差很微小的 $2J+1$ 个能级，一条谱线也相应分裂为 $2J+1$ 条谱线，这种现象称为塞曼（Zeeman）效应，$2J+1$ 个能级也称塞曼能级。$g=2J+1$ 称为谱线的统计权重，它与谱线的强度有密切关系。

必须明确如下几个问题。

① 原子中,外层电子(称为价电子或光电子)的能量分布是量子化的,所以 ΔE 的值不是连续的,则 ν 或 λ 也是不连续的,因此,原子光谱是线光谱。

② 同一原子中,电子能级很多,有各种不同的能级跃迁,所以有各种 ΔE 不同的值,即可以发射出许多不同 ν 或 λ 的辐射线。但跃迁要遵循"光谱选律",不是任何能级之间都能发生跃迁。

③ 不同元素的原子具有不同的能级构成,ΔE 不同,所以 ν 或 λ 也不同,各种元素都有其特征的光谱线,识别各元素的特征光谱线可以鉴定样品中元素的存在,这就是光谱定性分析。

④ 元素特征谱线的强度与样品中该元素的含量有确定的关系,所以可通过测定谱线的强度确定元素在样品中的含量,这就是光谱定量分析。

2.2.2 原子的激发和电离

1. 原子的激发

各种物质在常温下多是以固体、液体及气体状态形式存在的,并且一般都是处于分子状态而不是原子状态。所以要使原子激发,发射光谱就必须先将固体或液体的样品物质经过一个蒸发过程转变成气态,并使气态的分子解离成原子状态。在一般情况下,原子都是处于稳定的基态,而基态的原子是不会发光的,要使原子中的电子在能级之间跃迁而发射出光谱,就必须先使原子激发,就是使原子获得足够的能量,使原子中的价电子由能量较低的能级跃迁到能量较高的能级,即把基态原子转变成激发态原子。

原子的激发有多种形式,其主要形式如下。

(1) 热激发。

当物质处于高温状态时,就会转变成一种等离子体状态,在这种等离子体内,气态的分子、原子、离子及电子等粒子由于温度很高会产生速度很快的热运动,并且在高速运动中各种粒子间的碰撞概率很大,这种具有很大动能的高速运动的粒子之间在发生非弹性碰撞的同时产生了能量交换,使原子获得足够的能量,从而使原来处于低能级的电子跃迁到较高能级而使原子得到激发。

(2) 电激发。

带电粒子在电场作用下会受到力的作用而做加速运动。当高速运动的带电粒子在运动过程中与原子发生碰撞时,就会将其动能全部或部分地传递给原子,当这种能量达到或者超过原子激发所需要的能量时,这个原子就会被激发。

(3) 光激发。

光激发也称为共振吸收激发。因为光本身就是一种能量形式,当原子受到光的照射时,吸收了足够大光能后就会被激发。

此外,已处于高能级的原子也可能将其能量传递给其他原子而使之激发,即激发态原子发生能量交换引起激发。离子和电子在复合时放出的能量也可使原子得到激发。

使原子中的电子由基态跃迁到激发态所必需的能量称为激发能。在发射光谱中,由于能量单位常用电子伏特,故激发能也常称为激发电位。从原子能级图上可以看出,电子可以跃迁到不同的高能级,这时需要的能量也是不同的,所以每一条光谱线的产生都有一个相应的激发电位。其中把电子激发到最低激发能级时所需要的能量最小,这个最小的激发电位称为该元素的共振电位。电子处于最低激发能级时的原子称为共振态原子。由于它的激发电位最小,原子获得能量后最容易激发到该状态,它的跃迁概率也很大,因此由此状态跃迁到基态时产生的谱线通常是该元素光谱中最强的谱线。当该元素在样品中的含量很低时,这条谱线一般仍能出现,因此在进行光谱定性分析时常采用此线作为灵敏线,在进行定量分析时也常采用此线作为分析线。尤其是在定量分析低含量元素时,一般只能采用此线作为分析线。当样品中某元素含量较大,激发后可观察到该元素的许多条有一定强度的谱线,但当该元素的含量逐渐减小时,谱线的强度将随之逐渐减弱,以至于有些谱线就无法观察到了,即谱线不断消失,谱线出现的数目随之减少。当该元素的含量继续逐渐减小以至于趋近零时,所能观察到的最持久的谱线即最后消失的线,常称为最后线。一般来说,最后线通常是第一共振线,也是理论上的灵敏线。但是在实际光谱分析中由于有时在光源中会发生谱线的自吸收情况,特别是当元素含量较高时,常常因为自吸效应的存在而使谱线强度减弱。因此有时最后线不一定是实际的灵敏线,只有当元素的含量较低,自吸效应很小时,最后线才是光谱分析的最灵敏线。

2. 原子的电离

当原子获得足够大的能量后,不仅会被激发,还可以使其价电子脱离原子核成为自由电子,原子本身成为带正电荷的离子,这就是电离。原子电离所需要的能量显然要比原子激发时所需要的能量大得多,使原子电离所必需的能量称为电离能或电离电位。中性原子失去一个电子称为一次电离,一次电离后的离子如果继续获得更大的能量还可以再失去一个电子,称为二次电离,原子可以被多次电离。在实际进行光谱分析时,由于常用的激发光源所能提供的能量有限,一般只能发生一次或二次电离,而高次电离很少发生。

离子进一步获得能量也可以被激发而发射光谱。由于原子和离子具有不同的结构和能级,所以同一种元素的离子光谱和原子光谱是不一样的。每一条离子线也都有其激发电位。为了区别原子线及各级离子线,常在元素符号后面注有罗马数字 Ⅰ、Ⅱ、Ⅲ 等,Ⅰ表示由原子产生的谱线,Ⅱ 表示一级离子的谱线,Ⅲ 表示二级离子的谱线,等等。

2.2.3 谱线强度

1. 麦克斯韦－玻耳兹曼分布定律

谱线是由于电子从高能级向低能级跃迁产生的,即原子或离子由激发态跃迁到基态或低能态时产生的。在光源处于热力学平衡状态时,各个能级上的原子数目的分布遵守麦克斯韦－玻耳兹曼(Maxwell－Boltzmann)分布定律,即当处于能级 E_j 和 E_i 上的原子密度分别为 N_i 和 N_j 时,有

$$N_j = N_i \frac{g_j}{g_i} \mathrm{e}^{\frac{-(E_j - E_i)}{KT}} \qquad (2.10)$$

式中,g_j 和 g_i 分别为能级 j 和 i 的统计权重,是与该能级的简并度有关的常数,其数值为 $2J+1$;E_j 和 E_i 分别为高、低能级的能量;K 为玻耳兹曼常数,其值为 $1.38 \times 10^{-23} \mathrm{J/K}$;$T$ 为激发光源的绝对激发温度。

若低能级为基态，即上面所述的 i 能级为基态(0)，因为 $E_i = 0$，所以式(2.10)可变为

$$\frac{N_i}{N_0} = \frac{g_i}{g_0} e^{\frac{-E_j}{KT}} \tag{2.11}$$

麦克斯韦－玻耳兹曼分布定律说明：处于不同激发态的原子数目的多少，主要与温度和激发能量有关。温度越高越容易把原子或离子激发到高能级，处于激发态的数目就越多；而在同一温度下，激发电位越高的元素，激发到高能级的原子或离子数越少；就是对同一种元素而言，激发到不同的高能级所需要的能量也是不同的，能级越高所需能量越大，原子处在的能级越高，相同条件下处于激发态的原子数目就越少。某些元素共振激发态与基态原子数之比见表2.3。

表2.3　某些元素共振激发态与基态原子数之比

元素	λ/nm	能量/eV	g_i/g_0	N_i/N_0		
				2 000 K	3 000 K	4 000 K
Cs	852.1	1.46	2	4.44×10^{-4}	7.24×10^{-3}	2.98×10^{-2}
Na	589.0	2.11	2	9.86×10^{-6}	5.88×10^{-4}	4.44×10^{-3}
Ca	422.7	2.93	3	1.21×10^{-7}	3.69×10^{-5}	6.04×10^{-4}
Zn	213.8	5.80	3	7.29×10^{-15}	5.38×10^{-10}	1.48×10^{-6}

若 i 能级为激发态，麦克斯韦－玻耳兹曼方程为

$$\frac{N_i}{N_0} = \frac{g_i}{g_0} e^{-(E_i - E_0)/KT}$$

2. 谱线强度

电子在不同能级之间的跃迁，只要符合光谱选律就可能发生。这种跃迁发生可能性的大小称为跃迁概率。若原子外层电子由 i 能级跃迁至 j 能级，则跃迁概率为 A_{ij}，这两个能级的能量分别为 E_i 和 E_j，发射的谱线频率是 ν，电子在这两个能级之间跃迁时所放出的能量差为 $\Delta E = E_j - E_i$，处在激发态的原子数目为 N_j，则谱线强度为

$$I_{ij} = N_j A_{ij} h\nu \tag{2.12}$$

将式(2.11)代入式(2.12)得

$$I_{ij} = \frac{g_j}{g_0} A_{ij} h\nu N_0 e^{-\frac{E_j}{KT}} \tag{2.13}$$

谱线强度与下列因素有关。

① 统计权重。谱线强度与统计权重成正比。

② 激发电位。谱线强度与激发电位是负指数关系，激发电位越高，谱线强度越小，因为激发电位越高，处在相应激发态的原子数目越少。

③ 跃迁概率。电子从高能级向低能级跃迁时，在符合光谱选律的情况下，可向不同的低能级跃迁而发射出不同频率的谱线；两能级之间的跃迁概率越大，该频率谱线强度越大。所以，谱线强度与跃迁概率成正比。

④ 光源温度。在一定温度范围内，谱线强度随光源温度的增高而增大，但继续增加光源温度，反而会使谱线强度下降，这是因为发生了一次电离，离子线的强度开始增加，所

以光源温度对谱线强度的影响是很复杂的。各种元素,都有一个最佳光源温度。

⑤ 高能级上原子数。谱线强度与原子密度成正比,据此就可以进行定量分析。

3. 自吸自蚀

激发源中的等离子体有一定的体积,温度及原子浓度在其各部位分布不均匀。中间温度高,边缘温度低;中心区域激发态的原子多,边缘基态或较低能态的原子较多。某元素的原子从中心发射某一波长的电磁辐射,必然要通过边缘到达检测器,这样所发射的电磁辐射就有可能被处在边缘的同元素基态或较低能态的原子所吸收。因此,检测器接收到的谱线强度就减弱了。这种原子在高温发射某一波长的辐射,被处于边缘低温状态的同种原子所吸收的现象称为自吸。

自吸对谱线中心处的强度影响较大。这是由于发射谱线的宽度比吸收谱线的宽度大。自吸的程度用自吸系数 b 表示。当试样中元素的含量很低时,不表现出自吸,$b \approx 1$;当元素的含量增大时,自吸现象增强,$b < 1$。当试样中元素的含量达到一定程度时,由于自吸严重,谱线中心的辐射被强烈地吸收,致使谱线中心的强度比边缘更低,似乎变成两条谱线,这种现象称为自蚀。如图 2.4 所示,在谱线轮廓图上,常用标 r 表示有自吸的谱线,用标 R 表示有自蚀的谱线。基态原子对共振线的自吸最为严重,并且常产生自蚀。激发源中弧焰的厚度越厚,自吸现象越严重。不同光源类型,自吸情况不同,直流电弧的蒸气的厚度大,自吸现象比较明显。

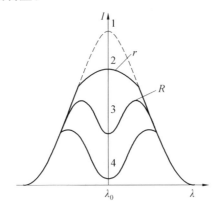

图 2.4 谱线轮廓
1— 无自吸;2— 有自吸;3— 自蚀;4— 严重自蚀

2.2.4 元素光谱化学性质的周期性

元素的光谱化学性质主要取决于原子结构及外层电子的状态、数目等,因此是呈现周期性变化的,可以根据元素在周期表上的位置来推测它的光谱化学性质。

对于主族元素来说,在同一周期里,随着原子序数的增加,价电子数逐渐增多,光谱项的多重性也逐渐增加,因此光谱逐渐复杂,而谱线强度逐渐减弱。由于在同一周期内元素的核外电子层数相同,而价电子数不断增多,原子半径逐渐减小,价电子离原子核的距离就逐渐减小,核对价电子的吸引力不断增加,使价电子激发和电离所需要的能量越来越大,所以共振电位、电离电位都逐渐增大,而相应的共振线波长则逐渐减小。表 2.4 列出了第三周期主族元素的共振电位、电离电位及共振线波长。

表 2.4　第三周期主族元素的共振电位、电离电位及共振线波长

元素	Na	Mg	Al	Si	P	S	Cl	Ar
共振电位 /eV	2.10	4.33	3.13	5.10	6.96	6.83	9.16	11.78
电离电位 /eV	5.138	7.644	5.984	8.149	10.484	10.357	13.01	15.755
共振线波长 /nm	588.995	285.213	396.153	288.158	177.494	180.731	134.720	104.822

由表中数据可以看出,有特殊情况存在。如 Mg 的共振电位和电离电位反而比 Al 的大,共振线波长比 Al 的小;这是由原子的结构所决定的,Mg 的外层电子排布 $3s^2$ 是一种较稳定的结构,因而激发和电离时所需能量较大,共振线波长较小,而 Al 的外层电子除 $3s^2$ 外还有 $3p^1$,这个电子是较易激发和电离的。P 与 S 的情况类似,是 P 外层 $3p^3$ 属电子半满状态,稳定性较好所致。

对于同一主族元素来说,由于其具有相同的价电子数,光谱项的多重性一致,故具有相似的光谱结构。由于随着原子序数的增大,核外电子层数逐渐增多,原子半径逐渐增大,价电子与原子核的距离就不断增大,价电子受原子核的吸引力就会不断减小,也就越容易使外层电子激发和电离,所以激发电位和电离电位逐渐减小,共振线波长逐渐增加。例如,第一主族部分元素的共振电位、电离电位和共振线波长见表2.5。

表 2.5　第一主族部分元素的共振电位、电离电位和共振线波长

元素	Li	Na	K	Rb	Cs
共振电位/eV	1.84	2.10	1.61	1.58	1.45
电离电位/eV	5.390	5.138	4.339	4.176	3.893
共振线波长/nm	670.780	588.995	766.491	780.027	852.110

当然,这里的讨论只有定性的性质,正如前面已经讨论过的,能级的能量除主要受主量子数或受原子半径大小决定外,还受其他因素的影响,因此共振电位不一定随原子半径的增大而减小,如 Na 大于 Li 的共振电位。

由以上讨论可知,主族元素在整个周期表中表现为:左下角的元素金属性最强,共振电位、电离电位最低,即最容易激发和电离,共振线波长最长,处于近红外区;而右上角的元素非金属性最强,共振电位、电离电位最高,即最难激发和电离,共振线波长最短,如 He 的共振电位为 21.13 eV,电离电位为 21.48 eV,共振线波长仅为 58.433 1 nm,处于远紫外光区。由于主族元素中的碱金属和碱土金属元素外层只有 s 电子排布,所以光谱最简单,谱线数目最少,且强度很大。而其他主族元素,外层电子也只有 s、p 电子排布,故光谱比较简单,谱线数目不多,谱线强度也较大。

对于多数过渡元素,一般都具有中等程度的共振电位和电离电位,所以共振线波长一般都在近紫外光区和可见光区。但从原子结构上看,除铜、银、金、锌、镉、汞这几个元素由于 d 电子已饱和,参与跃迁的只剩下外层的 s 电子,故它们的光谱很简单且强度较大外,其他过渡元素因有不饱和的 d 电子都可参与跃迁而产生光谱线,它们能合成许多多重性

高的光谱项,形成很复杂的能级,故光谱能量比较分散,产生很复杂的强度不大的谱线,如铁、钨等元素的谱线有 5 000 多条。而对镧系和锕系元素,除外层的 s 电子参与跃迁外,次外层的 d、f 电子也都参与跃迁。由于它们具有较高的量子数,可以有很多的光谱支项及多重性,如铀原子的 $5f^3 6d^1 7s^2$ 合成光谱项总数可达几千个,支项可达上万个,因此它们的光谱是相当复杂的,可以产生相当多的强度相差不大的谱线,甚至它的光谱接近于连续光谱。

对同一元素的原子和离子,由于结构不同,外层电子数发生改变,所以原子光谱和离子光谱也就不同。对原子序数为 $Z+n$ 的 n 级离子和原子序数为 Z 的原子,由于核外电子排布相同,其光谱表现极为相似。如碳的三级离子光谱 C_{IV},硼的二级离子光谱 B_{III},铍的一级离子光谱 Be_{II} 和锂的原子光谱 Li_I,都表现为相似的光谱,这是因为 C^{3+}、B^{2+}、Be^+ 和 Li 的核外电子排布都是 $1s^2 2s^1$,故它们的光谱才表现出一致性。但由于同一元素的原子和离子的结构不同,对于易激发、易电离的原子,其离子未必是易激发、易电离的,如碱金属原子是易激发、易电离的,而其一级离子因为电子结构已达到稳定结构,所以要再激发和电离它的一级离子是比较困难的。对碱土金属及某些过渡元素,其一级离子因具有碱金属的结构,是容易激发和二次电离的,进行三次电离则需要很大的能量。所以这些元素的灵敏线可以是原子线,也可以是其一级离子线。

另外,元素及其化合物的熔点、沸点、离解能等也是呈周期性变化的,这些性质又可以直接影响试样的蒸发和气态分子的解离等过程,故对发射光谱的影响也是呈现周期性的。

2.3 原子发射光谱法的仪器装置

原子发射光谱法的仪器主要包括光源、分光系统(光谱仪)、检测系统三大部分,如图 2.5 所示。

图 2.5 原子发射光谱法的仪器框图

2.3.1 光源

光源是一种提供能量的装置,在常温下,原子绝大多数处于基态,为了获得原子的发射光谱,首先需要给原子施以某种能量,作为光谱分析用的光源对试样都具有两个作用过程。首先,把试样中的组分蒸发离解为气态原子,然后使这些气态原子激发,使之产生特征光谱。在激发光源的作用下,蒸发、离解、激发等过程都是瞬间完成的,几乎可以看作是同时进行的。光谱分析用的光源常常是决定光谱分析灵敏度、准确度的重要因素,因此必须对光源的种类、特点及应用范围有基本的了解。由于光谱分析的试样种类繁多,因此光谱分析用的光源应该适合各种不同要求和目的。最常用的光源有直流电弧、交流电弧、高压电火花、激光、ICP(电感耦合高频等离子体)等。

1. 直流电弧

直流电弧的电极材料通常是石墨或金属。电极直径约为 6 mm,长度为 30～40 mm,样品槽直径为 3～4 mm,槽深为 3～6 mm,样品量为 3～6 mg。图 2.6 所示电极也用于交流电弧和高压电火花放电。

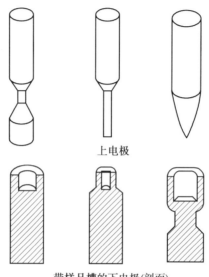

上电极

带样品槽的下电极(剖面)

图 2.6　电极类型

直流电弧发生器电路示意图如图 2.7 所示,直流电源 E 提供 220～380 V 电压,电流为 5～30 A,一个铁芯自感线圈 L 用于抑制电流的波动,镇流电阻(可变电阻)R 用于调节和稳定电流,G 为放电间隙(分析间隙)。

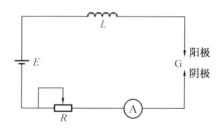

图 2.7　直流电弧发生器电路示意图

直流电弧发生器利用直流电源作为激发能源,使上下电极接触短路引燃电弧,也可用高频引燃电弧。当装有试样的下电极置于分析间隙 G 处,并使上下电极接触通电,此时电极尖端烧热,引燃电弧后使两电极相距为 4～6 mm,就形成了电弧光源。燃弧后,从灼热的阴极端发射出的热电子流,高速穿过分析间隙而飞向阳极,冲击阳极时形成灼热的阳极斑,使阳极温度达 3 800 K,阴极温度为 3 000 K,试样在电极表面蒸发和原子化。产生的原子与电子碰撞,再次产生的电子向阳极奔去,正离子则冲击阴极又使阴极发射电子,该过程连续不断地进行,使电弧不灭,在弧焰中原子、离子、电子等粒子之间不断互相碰撞和自相撞击,使原子或离子获得能量而得到激发,从而辐射出光谱线。

直流电弧的弧柱激发温度为 4 000~7 000 K,电极蒸发温度为 3 000~4 000 K。直流电弧的优点是电极温度高,蒸发能力强,分析的绝对灵敏度高,检出限较低,常用于定性分析及矿石难熔物中低含量组分的定量测定;缺点是弧焰稳定性差,谱线容易发生自吸现象,分析精密度差,在进行定量分析时,必须采用内标法来克服光源波动的影响。

2. 交流电弧

交流电弧分为高压交流电弧和低压交流电弧。高压交流电弧的工作电压为 2 000~4 000 V,电流为 3~6 A,可利用高电压把弧隙击穿而直接引弧,但由于装置复杂,操作危险,因此已很少采用;低压交流电弧的工作电压为 110~220 V,设备简单,操作安全,应用较多。交流电弧发生器电路示意图如图 2.8 所示,它是由高频引弧电路和低压电弧电路组成。接通电源,220 V 的交流电通过变压器 B_1 使电压升至 3 000 V 左右,通过电感 L_1 向电容器 C_1 充电,当电压升至放电盘 G_1 击穿电压时,放电盘击穿,此时 C_1 通过电感 L_1 放电,在 $C_1-L_1-G_1$ 振荡回路中产生高频振荡电流,振荡的速度由放电盘的距离和 R_1 充电速度来控制,使半周只振荡一次。高频振荡电流经高频变压器 B_2 耦合到低压电弧回路,并升压至 10 kV,通过隔直电容器 C_2,使分析间隙 G 的空气电离,形成导电通道。低压电流沿着已造成电离的空气通道,通过 G 引燃电弧。当电压降至低于维持电弧放电所需的电压时,弧焰熄灭。此时,第二个半周又开始,该高频电流在每半周使电弧重新点燃一次,维持弧焰不熄灭。应用可调电阻 R_2 可调节交流电弧电流。

低压交流电弧的温度高,激发能力强,激发温度为 4 000~7 000 K,电弧的稳定性比直流电弧好,因此分析的重现性好,适用于定量分析。但是电极温度比直流电弧稍低,蒸发温度低,灵敏度较差。该光源用于地质试样、粉末和固体样品直接分析。

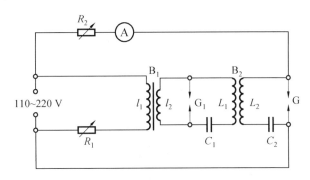

图 2.8 交流电弧发生器电路示意图

3. 高压电火花

火花(或称电火花)光源是一种通过电容放电方式,在电极之间发生的不连续的气体放电。高压电火花发生器电路示意图如图 2.9 所示。电源电压 E 由调节电阻 R_1 适当降压后,经变压器 T,产生 10~25 kV 的高压,然后通过扼流圈 L_D 向电容器 C 充电。当电容器 C 上的充电电压达到分析间隙 G 的击穿电压时,就通过电感 L 向分析间隙 G 放电,产生具有振荡特性的火花放电。放电完毕后,又重新充电、放电,反复进行。

高压电火花光源的特点是放电的稳定性好,电弧放电的瞬间温度为 10 000 K 以上,某些难以激发的元素也可以被激发,甚至可以激发惰性气体和卤素,高压电火花比直流电弧具有更高的精密度,其良好的稳定性和重现性适用于定量分析及难激发元素的测定。由于激发能量大,所产生的谱线主要是离子线,又称为火花线。而用电弧作为光源时,产生的主要是原子线,故也常把原子线称为电弧线。但这种光源每次放电后的间隙时间较长,电极头温度较低,因而试样的蒸发能力较差,较适用于分析低熔点的试样。高压电火花光源的缺点是灵敏度较差,背景大,不宜做痕量元素分析;另一方面,由于电火花仅射击在电极的一小点上,若试样不均匀,产生的光谱不能全面代表被分析的试样,且由于冲击力较大不适合粉末状样品。高压电火花光源适用于激发电位较高的元素和含量较高、熔点低、易挥发且组成均匀的试样的定量分析。由于使用高压电源,操作时应注意安全。

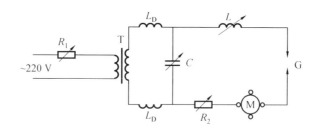

图 2.9　高压电火花发生器电路示意图

4. 激光

激光的单色性和方向性很好,亮度非常大。激光微探针适用于试样表面上一个微小区域内的检测。显微镜将一束高强度的脉冲激光束聚焦在一个直径为 $10\sim50~\mu\text{m}$ 的微小区域内,激光照射在两电极之间,电极放在试样表面上方约 $25~\mu\text{m}$ 处。

目前激光光源对样品进行激发的方法是两段激励法(或称为交叉激发法),也称被动式同步火花激发。它是用聚焦的激光束照到试样上进行蒸发,再用一对辅助电极的火花放电激发蒸发出来的样品蒸气,图 2.10 所示为微光探微针。由激光器产生的激光束经直角转向棱镜聚焦在样品上,使样品蒸发,其蒸气由辅助电极用火花激发,辐射出的谱线经透镜进入光谱仪。通过显微镜观察和寻找样品被激发的部位,可进行微区分析。激光光源的特

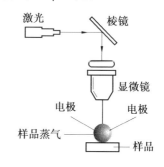

图 2.10　激光探微针

点是由于激光束可以控制在非常小的直径范围内,并常配有显微镜,因此可对试样的微区进行分析,它消耗的试样量非常少,在宏观上几乎是不破坏试样,对保护试样非常有利,适用于分析成品和珍贵试样。这种激光光源是利用激光的高蒸发性和火花的高激发能力,所以灵敏度很高,检出限很低,可达 10^{-12} g。样品情况下无须进行预处理,并且几乎没有基体效应。

5. 电感耦合高频等离子体

电感耦合高频等离子体(ICP)是当前发射光谱分析中发展迅速、极受重视的一种新型光源。一般由高频发生器、等离子体炬管和雾化器组成,ICP 光源结构示意图如图2.11所示。高频发生器的作用是产生高频磁场,供给等离子体能量。它的频率一般为30～

40 MHz,最大输出功率为 2～4 kW。等离子炬管是由一个三层同心石英玻璃管组成。外层管内通入冷却氩气以避免等离子炬烧坏石英管;中层石英管出口做成喇叭形状,通入氩气以维持等离子体;内层石英管的内径为 1～2 mm,由载气(一般用氩气)将试样气溶胶从内管引入等离子体。试液进样使用雾化器,包括气动雾化器和超声雾化器。

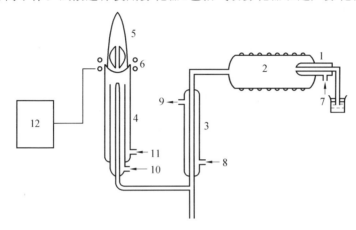

图 2.11　ICP 光源结构示意图

1—雾化器;2—加热器;3—冷凝器;4—等离子炬管;5—等离子体焰炬;6—管状线圈;

7,10,11—氩气入口;8,9—冷却水入口和出口;12—高频发生器

等离子体在总体上是一种呈中性的气体,由离子、电子、中性原子和分子所组成,其正负电荷密度几乎相等。等离子体的力学性质(可压缩性,气体分压正比于绝对温度等)与普通气体相同,但由于带电粒子的存在,其电磁学性质却与普通中性气体相差甚远。

ICP 形成的原理同高频加热的原理相似。将石英玻璃炬管置于高频感应线圈中,等离子工作气体(通常为氩气)持续从炬管内通过(图 2.11)。最初,接通高频发生器电源后,高频感应电流流过线圈,产生轴向交变磁场,交变磁场再产生交变电场,由于气体在常温下不导电,因而没有感应电流产生,也不会出现等离子体。此时如果由外部的点火器向炬管内部的氩气发出一束电子进行触发,炬管内就会出现少量的氩离子和电子。高频电场的加速作用下,少量的带电荷粒子高速运动、碰撞其他氩原子,形成雪崩式放电,产生大量的离子与电子,形成一个环形导体并维持稳定的放电。在垂直于磁场方向则产生闭合环形路径的电子涡流,在感应线圈内形成相当于变压器的次级线圈,并同相当于初级线圈的感应线圈耦合,这股高频感应电流产生的高温又将气体加热、电离,并在管口形成一个火炬状的稳定的等离子体焰炬。在高频放电功率和气流保持恒定的条件下,ICP 的放电十分稳定。其各不同部位的温度如图 2.12 所示。典型的 ICP 是一个非常强而明亮的白炽不透明的"核",核心延伸至管口数毫米处,顶部有一个火焰似的尾巴。其炬焰分为三个主要部分,即焰心区、内焰区和尾焰区。焰心区呈白炽不透明状态,是高频电流形成的涡电流区,温度高达 10 000 K。由于黑体辐射,氩或其他离子同电子的复合产生很强的连续背景光谱。试液气溶胶通过该区时被预热和蒸发,因此该区又称预热区。气溶胶在该区停留时间较长,约 2 ms。内焰区在焰心区上方,在感应线圈以上 10～20 mm 处,呈淡蓝色半透明状态,温度为 6 000～8 000 K,试样中原子主要在该区被激发、电离,并产生辐

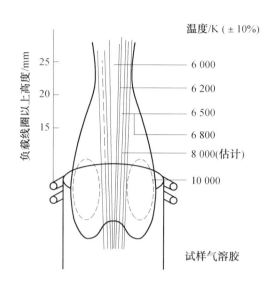

图 2.12　ICP 光源不同部位的温度

射,故又称测光区。试样在内焰区停留约 1 ms,比在电弧光源和高压电火花光源中的停留时间($10^{-3}\sim10^{-2}$ ms)长。这样,在焰心区和内焰区使试样得到充分的原子化和激发,利于后续测定。尾焰区在内焰区的上方,呈无色透明状,温度约 6 000 K,仅激发低能态的试样。

等离子体炬管由三层同心石英玻璃管组成。从外管和中间管间的环隙中切向导入的气流为等离子气流(通常为氩气,流量一般为 10~16 L·min^{-1}),它既是维持 ICP 的工作气流,又将等离子体与管壁隔离,防止石英管烧融。中间管,一般以 1 L·min^{-1} 的流量通入氩气以辅助等离子体的形成,这种气流称为辅助气流。在进行某些分析工作时(如有机试样分析),它还可起抬高等离子体焰,减少炭粒沉积,保护进样管的作用。ICP－AES 适用于气体、液体、粉末和块状固体试样的分析,其中大多数采用液体进样。

ICP 的优点如下。

(1)激发能力强。

在元素周期表上除了气体元素、部分非金属元素和人造放射性元素外,均可用 ICP 光源进行定性与定量分析。

(2)检出限低。

绝大部分元素的检出限均为 $10^{-11}\sim10^{-5}$ μg·mL^{-1},有些元素的检出限甚至更低。

(3)线性范围宽。

用一条谱线分析的浓度变化范围为 5~6 个数量级,可以从超痕量、痕量直到常量范围内用相同的条件进行测定。

(4)干扰小、准确度高。

这是因为该光源需要引入的样品量少,不会改变或影响 ICP 的放电条件,并且由于 ICP 的高温(6 000~7 000 K)足以使各种不同形态的待测物质在瞬时完成蒸发、原子化、电离、激发的过程,测量条件基本不变。加之惰性气体(氩气)隔断了炬焰周围空气的参与,保证了在激发过程中不再产生其他的化学反应。

6. 光源的选择

在实际工作中应根据具体的测试样品和各种光源的特点来选用最适宜的光源及最佳激发工作条件。在选择光源时,主要应综合考虑下面几个问题。

(1)要考虑被测元素的性质。对难挥发元素可选用电极温度较高即蒸发能力较强的光源(如直流电弧),以增加进入分析间隙的样品量;对于易挥发样品,就应选用电极温度较低的光源(如高压电火花等),以防止进入发光区的被测元素太多而产生自吸和自蚀;对于激发电位、电离电位较高的元素可选用激发能力强的光源,以提高激发能力,增加谱线强度;而对于像碱金属这样激发电位很低的元素,就可采用激发能力不大的光源,如火焰、电弧等;如果被测元素的光谱区域在紫外光区就不适宜采用在紫外光区有较强背景的高压电火花;而在可见光区的则不宜采用在可见光区背景较大和分子光谱强的电弧。

(2)要考虑被测元素的状态。对于金属或合金这种导电的棒状或块状样品,可直接用样品作为电极,用电弧或高压电火花等来激发。而对粉末状样品则不宜用高压电火花激发,因为高压电火花放电时产生的冲击力有很大的气流,很容易把粉末状样品从电极孔穴内溅散出来,使样品损失,分析结果失去可靠性,甚至无法进行测定。对于微小试样及珍贵的成品等,则宜采用激光显微光源,以保护样品不受破坏。而对液体样品采用火焰或等离子体光源则比较合适。

(3)要考虑是定性分析还是定量分析。对于定性分析,要求检出限低,以便使痕量杂质元素都能检出,可采用绝对灵敏度高、检出限好的光源,如激光、直流电弧;而对于定量分析,要求得到准确、精密的分析结果,则应选用稳定性好的高压电火花、ICP 光源。

(4)有时还考虑到被测元素的含量。对于低含量元素要选用检出限好的光源;而对较高含量的元素的定量分析,则希望分析的线性范围大,并且当元素含量改变时,相应的谱线强度有较明显变化,就要用稳定性好的光源。有时还要考虑分析速度,如高压电火花的预燃时间,曝光时间较长,不适于做快速分析。

各种激发光源的性能比较见表 2.6。

表 2.6 多种激发光源的性能比较

激发光源	蒸发温度	激发温度/K	稳定性	应用
直流电弧	高	4 000～7 000	差	定性分析
交流电弧	中	4 000～7 000	较好	低含量元素的定量分析
高压电火花	低	10 000	好	难激发元素的定量分析
ICP	很高	6 000～8 000	最好	溶液、合金的定量分析
激光	很高	很高	较好	珍贵样品

2.3.2 分光系统

在原子发射光谱法中,一般根据元素的特征谱线进行定性或定量分析。但是,激发光源不可能只发射一条或几条特征谱线,而要发射连续光谱、带状光谱和数量相当多的线光谱,即复合光。因此,在检测光谱信号之前需要进行分光,将复合光按照不同波长顺序展开。由于不同波长的光具有不同的颜色,故分光也被称为色散。

用来获得光谱的装置称为分光系统。用于原子发射光谱法的分光系统主要由照明单元、准直单元、色散单元和成像单元组成。其中色散单元是分光系统的核心部件,其作用是将混合各种波长的平行光束按照波长顺序色散为单色的平行光束。最常用的色散部件是棱镜和光栅。

1. 棱镜

棱镜对不同波长的光有不同的折射率,在紫外光区和可见光区其分光依据的是柯西(Cauchy)经验公式,即

$$n = n_0 + \frac{B}{\lambda^2} + \frac{C}{\lambda^4} \tag{2.14}$$

式中,n 为棱镜材料的折射率;n_0、B、C 均为与棱镜材料有关的常数;λ 为入射光的波长。

由式(2.14)可见,不同波长的光折射率 n 不同,波长越短,折射率越大。根据光折射定律有

$$n = \frac{\sin i}{\sin \gamma} \tag{2.15}$$

式中,i 为入射角;γ 为折射角。

当含有不同波长的复色光以相同入射角通过棱镜时,由于折射率 n 不同,由式(2.15)可知,入射角相同时,不同波长的光折射角 γ 不同,所以不同波长的光从棱镜射出后分开,这就是棱镜的分光原理(图 2.13)。

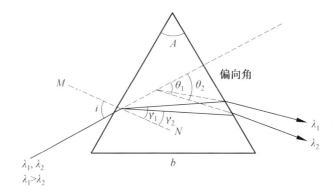

图 2.13　棱镜的分光原理

棱镜分光的性能指标主要有角色散率、线色散率和分辨率。

(1) 角色散率。

把表示两条波长相差 $d\lambda$ 的谱线被棱镜色散后,两束光所分开的角度 $d\theta$ 与 $d\lambda$ 的比称为角色散率,用 $\frac{d\theta}{d\lambda}$ 表示,即

$$\frac{d\theta}{d\lambda} = \frac{d\theta}{dn} \frac{dn}{d\lambda} \tag{2.16}$$

式中,$\frac{dn}{d\lambda}$ 取决于棱镜材料的色散率。

当棱镜处于最小偏向角时,棱镜的折射率为

$$n = \frac{\sin \dfrac{A+\theta}{2}}{\sin \dfrac{A}{2}} \tag{2.17}$$

式中，A 为棱镜顶角；θ 为偏向角。

对式(2.17)微分得

$$\frac{\mathrm{d}\theta}{\mathrm{d}n} = \frac{2\sin \dfrac{A}{2}}{\sqrt{1 - n^2 \sin^2 \dfrac{A}{2}}} \tag{2.18}$$

将式(2.18)代入式(2.16)得

$$\frac{\mathrm{d}\theta}{\mathrm{d}\lambda} = \frac{\mathrm{d}n}{\mathrm{d}\lambda} \frac{2\sin \dfrac{A}{2}}{\sqrt{1 - n^2 \sin^2 \dfrac{A}{2}}} \tag{2.19}$$

若有一系列同样的棱镜顺序排列，则由这些棱镜构成的光学系统的总角色散率是每个棱镜角色散率的代数和。如果光谱仪中安装 m 个相同的棱镜，则总的角色散率等于单个棱镜的角色散率乘以所用的棱镜的数目，即

$$\frac{\mathrm{d}\theta}{\mathrm{d}\lambda} = \frac{\mathrm{d}n}{\mathrm{d}\lambda} \frac{2m\sin \dfrac{A}{2}}{\sqrt{1 - n^2 \sin^2 \dfrac{A}{2}}} \tag{2.20}$$

由式(2.19)可见，角色散率与棱镜的折射顶角 A、制造棱镜所用介质的折射率 n、材料的色散率 $\dfrac{\mathrm{d}n}{\mathrm{d}\lambda}$ 以及棱镜的数量等因素有关。

(2) 线色散率。

把两条波长相差 $\mathrm{d}\lambda$ 的谱线分开后，在焦面上这两条谱线之间的距离 $\mathrm{d}l$ 与 $\mathrm{d}\lambda$ 的比称为线色散率，用 $\dfrac{\mathrm{d}l}{\mathrm{d}\lambda}$ 表示，即

$$\frac{\mathrm{d}l}{\mathrm{d}\lambda} = \frac{\mathrm{d}\theta}{\mathrm{d}\lambda} \frac{f}{\sin \varepsilon} \tag{2.21}$$

从式(2.21)可以看出，线色散率与角色散率、聚焦透镜焦距 f、检测器平面与光轴间的夹角 ε 有关。棱镜光谱仪的光学系统如图 2.14 所示，其中，l 为焦面上不同入射光之间的距离。

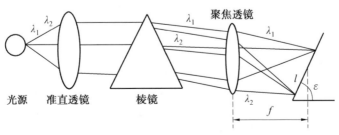

图 2.14　棱镜光谱仪的光学系统

将式(2.20)代入式(2.21)即得线色散率为

$$\frac{\mathrm{d}l}{\mathrm{d}\lambda} = \frac{\mathrm{d}n}{\mathrm{d}\lambda} \frac{2m\sin\frac{A}{2}}{\sqrt{1 - n^2\sin^2\frac{A}{2}}} \frac{f}{\sin\varepsilon} \tag{2.22}$$

(3) 倒线色散率。

在实际工作中,色散率的大小常用线色散率的倒数即倒线色散率 $\frac{\mathrm{d}\lambda}{\mathrm{d}l}$ 来表示,它表示色散后,在聚焦透镜焦面上单位长度距离内所包含的波长范围。倒线色散率的单位常用 nm·mm^{-1} 表示,其数值越小,说明在焦面上单位长度内所包含的波长范围越小,即色散效果越好。

(4) 分辨率。

分辨率是指光谱仪的光学系统能够正确分辨出紧邻的两条谱线的能力,也就是将两条波长相差很小的谱线分辨开的清晰程度如何。根据瑞利(Rayleigh)准则,两根强度相等、轮廓相同的谱线,当一条谱线的中央强度最大值的位置落在另一谱线的第一个极小值位置时,这两条谱线就是刚刚能分辨开的,否则便是不能分辨的。也可用这两条谱线的强度合成曲线的谷深来判断能否分辨,当谷深约等于谱线强度最大值的 20% 时,这两条谱线才能分辨,图 2.15 所示为根据瑞利准则可分辨的两条谱线;若谷深小于谱线强度最大值的 20%,这两条谱线是无法分辨的,外观上看就成为一条变宽了的谱线。

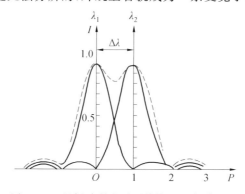

图 2.15　根据瑞利准则可分辨的两条谱线

若两条光谱线波长的平均值为 λ,当这两条线的波长差等于 $\Delta\lambda$ 时,这两条谱线刚好能分辨清楚,则分辨率为

$$R = \frac{\lambda}{\Delta\lambda} \tag{2.23}$$

棱镜光谱仪的理论分辨率与安装的棱镜个数 m、制造棱镜的材料的色散率 $\frac{\mathrm{d}n}{\mathrm{d}\lambda}$ 及棱镜底边的有效长度 b 有关,即

$$R = mb\frac{\mathrm{d}n}{\mathrm{d}\lambda} \tag{2.24}$$

2. 光栅

光栅分为透射光栅和反射光栅,目前使用较多的是反射光栅。反射光栅又可分为平

面反射光栅(或称闪耀光栅)及凹面反射光栅。光栅是一种多狭缝元件,光栅光谱的产生是单狭缝衍射和多狭缝干涉联合作用的结果。单狭缝衍射决定谱线的强度分布,多狭缝干涉决定谱线出现的位置。

图 2.16 所示为平面反射光栅色散原理,即平面反射光栅的一段垂直于刻线截面的色散示意图,其色散作用可用光栅方程表示为

$$n\lambda = b(\sin i + \sin r) \tag{2.25}$$

式中,i 为入射角,即入射光与光栅法线的夹角,规定为正值;r 为衍射角,即衍射光与光栅法线的夹角,它与入射角在光栅法线同侧时取正值,异侧时取负值;d 为光栅常数;n 为光谱级次,即干涉级次,$n = 0, \pm 1, \pm 2, \cdots$。

当 $n = 0$ 时,即零级光谱,衍射角与波长无关,即无分光作用。在 $n > 0$ 的相邻光谱级次之间,会产生不同级次光谱的重叠,可采用滤光片或低色散的棱镜分级器等方法消除。当含有不同波长的复合光以某一角度照射到光栅上,光谱级次确定时,衍射角就是波长的函数,波长越短衍射角越小,而波长越长衍射角越大,由此复合光被分解成按波长排列的光谱图。

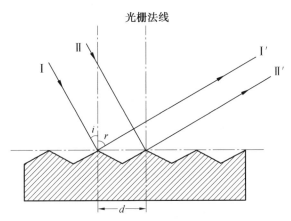

图 2.16 平面反射光栅色散原理

(1) 光学指标。

① 角色散率。将式(2.25)对波长微分即得

$$\frac{\mathrm{d}r}{\mathrm{d}\lambda} = \frac{n}{b\cos r} \tag{2.26}$$

从式(2.26)可见,角色散率与光谱级次成正比,与光栅常数成反比,此外还与 $\cos r$ 成反比。因此,衍射角越小的光谱,其角色散率也越小;而衍射角越大的光谱,其角色散率也越大。当衍射角 r 不大,$\cos r$ 变化也不大时,可认为 $\cos r = 1$,因而角色散率近似为一常数,几乎与衍射角无关,即与波长几乎无关,光谱在长波及短波的各波段时波长间隔是一样的,称为"均排光谱"。这是光栅优于棱镜的一个方面。

② 线色散率。光栅摄谱仪的线色散率与角色散率及聚焦透镜的有效焦距等有关,即

$$\frac{\mathrm{d}l}{\mathrm{d}\lambda} = \frac{\mathrm{d}r}{\mathrm{d}\lambda} f \frac{1}{\sin \varepsilon} = f \frac{n}{b\cos r \sin \varepsilon} \tag{2.27}$$

一般情况下光轴与检测器平面的夹角为 $90°$,即 $\sin \varepsilon = 1$,此时线色散率为

$$\frac{\mathrm{d}l}{\mathrm{d}\lambda} = f\,\frac{n}{b\cos r} \tag{2.28}$$

③ 倒线色散率。光栅摄谱仪常用线色散率的倒数表示色散能力,即用光谱成像在焦面上单位长度范围内所包含的波长范围表示色散能力,由式(2.28)得倒线色散率为

$$\frac{\mathrm{d}\lambda}{\mathrm{d}l} = \frac{b\cos r}{fn} \tag{2.29}$$

从倒线色散率的公式可知,它的数值越小,线色散率越大。

要提高光栅摄谱仪的色散率,常采用如下几个方法:采用高级次的光谱;增加投影物镜焦距;减小光栅常数。

④ 理论分辨率。由分辨率的定义可以证明光栅摄谱仪的理论分辨率为

$$R = \frac{\lambda}{\Delta\lambda} = nN \tag{2.30}$$

式中,n 是衍射的级次;N 为光栅的总刻痕数目。即光栅摄谱仪的理论分辨率与光谱级次和光栅总刻痕数成正比,而与波长无关。要想提高它的分辨率一般可以靠采用大块光栅及减小光栅常数来实现。光栅在紫外光区及可见光区的分辨能力为 $10^3 \sim 10^4$。

(2)光栅类型。

① 闪耀光栅。在平面光栅中,不同级次光谱的能量分布是不均匀的。未经色散的零级($n=0$)光谱的能量最大,并按正负一级、正负二级光谱等逐级减弱。若将光栅的刻痕刻成具有三角形的槽线,使每一刻痕的小反射面与光栅平面保持一定的夹角,以控制每一个小反射面对光的反射方向,使光能集中在所需要的一级光谱上,获得特别明亮的光谱,这个现象称为闪耀,这种光栅称为闪耀光栅,刻痕的小反射面与光栅平面夹角称为闪耀角。闪耀光栅如图2.17所示,当入射角 α、衍射角 θ 和闪耀角 β 相等,即 $\alpha=\theta=\beta$ 时,在衍射角 θ 的方向上可得到最大的相对强度。光栅方程式也适用于闪耀光栅,即

$$d(\sin\alpha + \sin\theta) = n\lambda$$

当 $\alpha=\theta=\beta$ 时,有

$$2d\sin\beta = n\lambda_\beta$$

式中,λ_β 称为闪耀波长。

从闪耀光栅的制作看,闪耀角一定,闪耀波长也一定,即每块光栅都具有自己的闪耀特性 —— 闪耀角、闪耀波长。在闪耀波长处,光的强度最大,而且在闪耀波长附近其他波长的谱线强度也比较高。可由下式估计强度约为极大值40%时的波长范围 λ_n(n 级光谱,λ_n 也称闪耀范围):

$$\lambda_n = \frac{\lambda_{\beta(1)}}{n \pm 0.5} \tag{2.31}$$

式中,$\lambda_{\beta(1)}$ 是光栅的一级闪耀波长。

例如,$\lambda_{\beta(1)}$ 为 300.0 nm 时,其一级闪耀波长为 $200 \sim 600$ nm,质量优良的闪耀光栅可以将约80%的光能集中到所需的波长范围内。

② 中阶梯光栅。目前中阶梯光栅(Echelle光栅)已用于商品仪器,这是一种具有精密的宽平刻痕的特殊衍射光栅,如图2.18所示。

中阶梯光栅与普通的闪耀光栅相似,区别在于中阶梯光栅的每一阶梯的宽度是其高

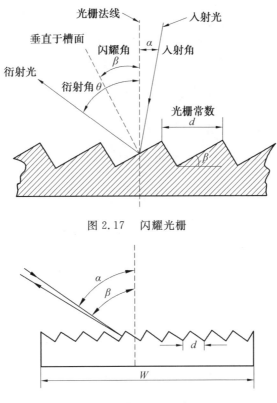

图 2.17 闪耀光栅

图 2.18 中阶梯光栅

度的几倍,阶梯之间的距离是欲色散波长的 $10 \sim 200$ 倍,闪耀角大。由于中阶梯光栅具有很高的色散率、分辨率和集光本领,使用光谱区广,它在降低发射光谱检出限、改善谱线轮廓、多元素同时测定等方面都是很有用的。

③ 凹面光栅。凹面光栅是将刻痕刻在凹面反射镜上的一种反射式衍射光栅。罗兰 (Rowland) 发现在曲率半径为 R 的凹面反射光栅上存在一个直径为 R 的圆,不同波长的光都成像在圆上,即在圆上形成一个光谱带,这个圆称为罗兰圆。

凹面光栅既有色散作用,又能通过凹面反射镜将色散后的光聚焦,在圆的焦面上设置一系列出口狭缝,则可同时获得各种波长的单色光。

3. 光栅光谱仪分光系统

采用光栅作为色散部件的光谱仪称为光栅光谱仪。按照所采用的光栅种类,光栅光谱仪又可分为平面闪耀光栅光谱仪、中阶梯光栅光谱仪和凹面光栅光谱仪。

(1)平面闪耀光栅光谱仪分光系统。

平面闪耀光栅光谱仪的分光系统有艾伯特(Ebert)型、赛纳 — 特纳(Czerny — Turner)型和李特洛(Littrow)型。

艾伯特型分光系统如图 2.19 所示,其出射狭缝和入射狭缝对称于主光轴的上下两侧,用一块凹面反射镜作为准直镜和成像物镜。由入射狭缝入射的光投射到凹面反射镜,反射后,成为平行光束照射到平面光栅上,经光栅色散后反射至凹面反射镜后聚焦于出射狭缝。当光栅转动时,即可由出射狭缝获得所需波长的单色光。

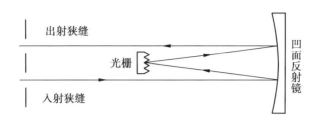

图 2.19　艾伯特型分光系统

　　赛纳－特纳型分光系统(图 2.20)是由艾伯特型光路演变而来的。该光路采用两个相同的小凹面反射镜来代替一个大的凹面反射镜,两个小凹面反射镜中间分开,一个用来将入射狭缝入射的光变成平行光反射到光栅上,起准直镜的作用;另一个用来将光栅色散的光聚焦到出射狭缝,起成像物镜的作用。

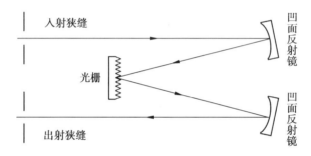

图 2.20　赛纳－特纳型分光系统

　　李特洛型分光系统(图 2.21)采用一块凹面反射镜作准直镜和成像物镜,属于自准式分光系统。光从入射狭缝入射至凹面反射镜成为平行光反射至光栅上,经光栅分光后再返回凹面反射镜上聚焦成像,由出射狭缝射出。

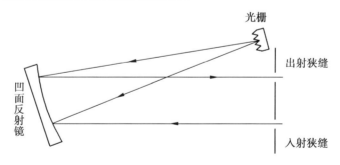

图 2.21　李特洛型分光系统

　　(2)中阶梯光栅光谱仪分光系统。

　　中阶梯光栅光谱仪多与固态面阵检测器(如电荷耦合器件 CCD)配合使用,在原子发射光谱仪中的使用逐渐增多。图 2.22 所示为的中阶梯光栅光谱仪典型分光系统。

　　由入射狭缝入射的复合光照射到准直镜上成为平行光,先入射到中阶梯光栅上,后经过一个低色散元件(反射棱镜或平面光栅)将重叠在一起的各级次光谱分离开来,即进行交叉色散。经过交叉色散的光信号按波长与级次的顺序再被聚焦,反射到出射狭缝外的

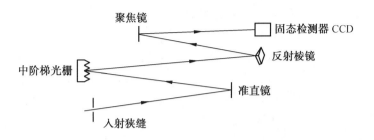

图 2.22　中阶梯光栅光谱仪典型分光系统

固态检测器 CCD 平面上,获得二维的光谱图像。

（3）凹面光栅光谱仪分光系统。

凹面光栅光谱仪主要用于多通道 ICP 发射光谱仪,其典型分光系统如图 2.23 所示。不同波长的光色散并成像在各个出射狭缝上,检测器则安装于出射狭缝后面。为了使光谱仪能安装尽可能多的检测器,分光系统必须将谱线尽量分开,单色器的焦距要足够长,且要求整个系统有很高的机械稳定性和热稳定性。振动和温度变化、湿度变化等环境因素可能导致光学元件的微小形变,使光路偏离定位,造成测量结果波动。为减少这类影响,除了光学构架需特殊设置外,整个光学系统必须恒温恒湿。

凹面光栅光谱仪没有使用反射镜,光能损失小,能在短波方面进行准确分析,可以用于测定波长小于 190 nm 的元素;但是由于其狭缝、通道有限且固定,因此限制了分析的灵活性和同时测定多元素的数目。

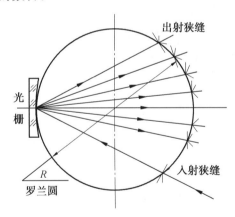

图 2.23　凹面光栅光谱仪典型分光系统

2.3.3　检测系统

原子发射光谱仪检测系统的作用是将原子发射产生的光信号进行转换、放大、记录并显示。系统的关键部件是检测器,它必须在特定的波长范围内具有灵敏且线性的光谱响应。目前在紫外光区和可见光区有多种检测器,本节主要介绍感光板、光电倍增管（PMT）和电荷耦合器件（CCD）。

1. 感光板

(1)感光板的结构及感光作用。

感光板又称光谱干板或像板,摄谱仪用感光板记录光谱。感光板放置在摄谱仪投影物镜的焦面上,一次曝光可以永久记录光谱的许多谱线。感光板感光后经显影、定影处理,呈现出黑色条纹状的光谱图。然后将感光板置于映谱仪上观测谱线的位置,进行光谱定性分析;置于测微光度计上测量谱线的黑度,进行光谱定量分析。

感光板是由感光层和支持体两部分组成。感光层也称感光乳剂,它由卤化银(常用AgBr)的微小晶粒均匀地分散在精制的明胶中构成。AgBr 是感光物质,其作用是把来自光源的光谱信号以像的形式记录下来,以便于辨认和测量。支持体是玻璃或醋酸纤维软片。将光信号转换为影像要经历曝光、显影和定影三个阶段。

在光的作用下,感光乳剂中的卤化银分子将有小部分分解为金属银及卤素。金属银形成不可见潜影中心,该过程称为曝光。光能转换为化学能,发生如下光化学反应:

$$AgBr \xrightarrow{h\nu} Ag + Br^-$$

含有潜影中心的卤化银晶粒,在由还原物质组成的显影液作用下,很快地被还原成金属银,形成清晰的"像",该过程称为显影。其反应式为

$$AgBr \xrightarrow{还原剂} Ag + Br^-$$

显影时曝光处的 AgBr 还原快,其他处的 AgBr 也可被还原,但还原慢,所以显影有时间限制。此影像变黑的程度与所吸收光的强弱有关,也和光的波长有关。

显影后,使未被还原的卤化银溶解在适当的溶液中,进而将其从乳剂中除去的过程称为定影,该溶液称为定影液。定影时卤化银溶于定影液中,然后再用水洗净。其反应式为

$$AgBr + 2S_2O_3^{2-} \Longrightarrow Ag(S_2O_3)_2^{3-} + Br^-$$

感光板曝光强的地方显影中心多,还原后形成的金属银量大,颜色黑些;曝光弱的地方显影中心少,还原形成的银量小,颜色淡些。未曝光的部分无潜影中心的卤化银晶粒,还原作用慢,但还可产生微弱的变黑,即灰雾或称雾翳。雾翳的程度与乳剂的类型、感光板存放的条件和时间有关。感光板越灵敏,雾翳就越大;存放越久,雾翳越大。

(2)乳剂特性曲线。

测量光源的光投射在经过摄谱、曝光、显影及定影形成谱线的感光板上,经过上述过程,将光能转换为化学能,即使感光板被光照射处的 AgBr 变为 Ag,形成光谱影像,用黑度来表征光谱影像变黑的程度。黑度 S 定义为

$$S = \lg \frac{I_R}{I_t} \tag{2.32}$$

根据黑度 S 的定义,用一束强度为 I_R 的光照射感光板来计算黑度,则 I_t 为曝光变黑部分的透射光强度。但在实际测量中,常用下式计算黑度:

$$S = \lg \frac{I_0}{I_t} = \lg \frac{1}{T} \tag{2.33}$$

式中,I_0 是感光板未曝光部分的透射光强度,因此可以认为 $I_R = I_0$;T 为透光率。

黑度测量示意图如图 2.24 所示。

强度为 I 的光,在感光乳剂上产生一定的辐射照度 E,照度 E 表示投射到接收器上单

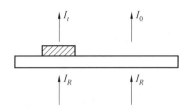

图 2.24 黑度测量示意图

位面积内的辐射功或辐射能量,经过 t 时间的照射后,在感光乳剂上积累一定的曝光量 H,即

$$H = \int_0^t E \mathrm{d}t = Et$$

黑度 S 和曝光量的关系很复杂,不能用简单的数学式表示,而常用图解法表示。以黑度值 S 为纵坐标,曝光量 H 的对数 $\lg H$ 为横坐标作图,所得曲线称为乳剂特性曲线,如图 2.25 所示。

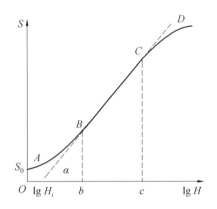

图 2.25 乳剂特性曲线

该曲线分为 4 部分,AB 部分称为曝光不足部分,斜率逐渐增大,即黑度随曝光量增大而缓慢增大,但不是直线关系;BC 部分称为曝光正常部分,斜率恒定,黑度随曝光量的变化按比例增加;CD 部分称为曝光过度部分,斜率逐渐减小,黑度增加但增加速度减慢。

对于正常曝光部分,曝光量与黑度的关系是

$$S = \gamma(\lg H - \lg H_i) = \gamma \lg H - \gamma \lg H_i = \gamma \lg H - i \tag{2.34}$$

式中,$\lg H_i$ 是直线 BC 的延长线在横坐标上的截距,是外推至 $S = 0$ 时的曝光量;H_i 是感光板乳剂的惰延量;γ 是感光板乳剂的反衬度。

H_i 的倒数是感光板乳剂的灵敏度。H_i 越大,感光板乳剂越不灵敏。BC 在横坐标上的投影 bc 称为感光板乳剂的展度,在一定程度上,它决定了感光板适用的定量分析含量范围的大小。γ 是乳剂特性曲线直线部分的斜率,称为感光板乳剂的反衬度。反衬度 γ 表示曝光量改变时,黑度变化的快慢。反衬度大的感光板易感光,对微量成分的检测有利;反衬度小的感光板感光慢,黑度均匀,对定量分析有利。乳剂特性曲线下部与纵坐标相交的相应黑度 S_0 称为雾翳黑度。

（3）乳剂特性曲线的绘制。

乳剂特性曲线的绘制方法有强度标法和时间标法两种。强度标法是改变光强度而保持曝光时间不变；时间标法是改变曝光时间而保持光强度不变。

①强度标法。强度标法可分为谱线组法和阶梯减光板法等。谱线组法的依据是：铁光谱有几组多线系，同一线系的各谱线相对强度是已知的，与实验条件无关。测定时，在感光板上摄取铁光谱并测量其相应的黑度值 S。以 S 为纵坐标，相对强度的对数 $\lg I$ 为横坐标绘制乳剂特性曲线。表 2.7 列出了三组常用的铁谱线组及其相对强度。表中 I 组、II 组适用于直流电弧光源，III 组适用于交流电弧、直流电弧和高压电火花光源。

表 2.7　铁谱线组及其相对强度

I		II		III	
λ/nm	$\lg I$	λ/nm	$\lg I$	λ/nm	$\lg I$
316.387	0.28	295.024	1.50	315.321	1.10
316.886	0.49	287.233	1.00	315.788	1.17
316.501	0.62	286.931	2.13	315.704	1.30
316.586	0.83	284.042	1.08	316.066	1.36
316.644	1.00	283.812	2.30	320.539	1.60
317.545	1.30	282.881	0.76	320.048	1.68
318.023	1.56	280.452	2.59	322.207	2.05
319.693	1.80	—		322.579	2.16

阶梯减光板法常用九阶梯减光板。阶梯减光板为一石英薄片，通过在它上面镀不同厚度的铂而构成不同阶梯。每一阶梯有不同的透光率（查仪器说明书）。测量某谱线在不同阶梯时的黑度 S，对阶梯减光板透光度的对数 $\lg T$ 作图，得 $S-\lg T$ 乳剂特性曲线。一根谱线难以绘制成一条完整的乳剂特性曲线，然而可利用波长相近而强度不同的几条谱线，通过分别测量其相应的黑度，绘制多条 S 对 $\lg T$ 曲线，再沿水平轴平移这些曲线使它们重合，即可获得一条完整的乳剂特性曲线，如图 2.26 所示。

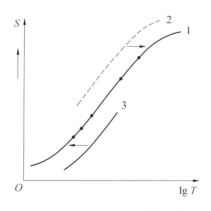

图 2.26　绘制完整的乳剂特性曲线

②时间标法。时间标法是使用阶梯扇板绘制乳剂特性曲线的。阶梯扇板由切去了若干对称的不同扇板缺口的同心金属圆盘组成,如图 2.27 所示。摄谱时用同步电动机带动使其旋转,能获得 $1:2:4:8:16$ 不同阶梯的 S。以 S 对扇形板不同缺口的相应曝光时间 t 的对数 $\lg t$ 作图,可制得 $S-\lg t$ 乳剂特性曲线。

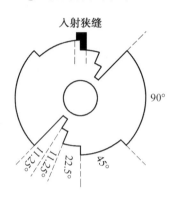

图 2.27　阶梯扇板

2. 光电倍增管

光电倍增管(PMT)是一种具有极高灵敏度和快速响应的光电探测器件,是在光电效应和电子光学基础上,利用二次电子倍增现象制成的真空光电器件,它通过将光能转化为电能,实现光电探测。光电倍增管工作原理及采用负载电阻的 I/U 转换电路如图 2.28 所示。光电倍增管外壳由玻璃或石英材料制成,内部抽真空,具有光电发射阴极(光阴极)和聚焦电极、多个电子倍增极(打拿极)、电子收集极(阳极)。可以将它看作一个具有多级电流放大作用的特殊电子管。阴极为涂有能发射电子的光敏物质的电极,由 Cs、Sb、Ag 等元素或其氧化物组成,被光子照射时可释放出电子。阳极由金属网组成,主要是收集、传送电子。在阴极和阳极之间装有一系列倍增极,它可使电子数目放大。光电光谱仪中使用的光电倍增管的打拿极数目一般为 9 个。阴极和阳极之间施加直流电压(约 1 000 V),每相邻两个打拿极之间均有相等的电压降。当光照射阴极时,光敏物质向真空中激发出光电子,这些光电子按照聚焦电场的方向进入倍增系统,首先被电场加速落在第一个打拿极上,击出二次电子,这些二次电子又被电场加速落在第二个打拿极上而击出更多的二次电子,连续重复上述过程,放大后的电子被阳极收集作为电流信号输出。这样光电倍增管不仅起了光电转换的作用,而且起电流放大的作用。光电倍增管有端窗型和侧窗型两种,端窗型是从光电倍增管的顶部接收入射光,而侧窗型则从光电倍增管的侧面接收入射光。通常情况下,侧窗型光电倍增管价格相对便宜,并在分光光度计、光谱仪和一般的光度测量方面应用广泛。大部分的侧窗型光电倍增管使用反射式阴极和环形聚焦型电子倍增系统,以此在较低的工作电压下获得较高的灵敏度。光电倍增管在其阴极和阳极间加一个高压,且阳极接地,阴极接负高压;在相邻的倍增极之间并联多个电阻进行分压(如图2.28 中的电阻 R_1,R_2,R_3,R_4),使每个倍增极上都具有固定的压降(一般为 $50\sim100$ V),因而每两个倍增极之间具有固定的电场强度。当一束光线照射阴极时,假定产生一个光电子,该光电子在电场的作用下被加速并向第一倍增极射去。当其撞击第一倍增极时,会溅射出数量更多的二次电子(图 2.28 中假定为 3 个倍增极),以此类推,电子数目越来越多,最后在阳极汇聚成光电流。

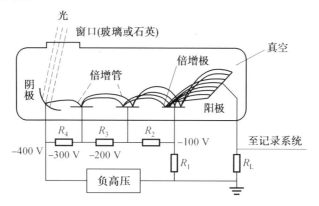

图 2.28　光电倍增管工作原理及采用负载电阻的 I/U 转换电路

3. 电荷耦合器件 (CCD)

　　光电倍增管的优点是能直接将光信号转换为处理方便的电流信号,并且其本身具有很高的电流放大能力;缺点是它没有空间分辨能力,难以同时检测多波长信号,这也是它不如 CCD 的地方。光电倍增管的灵敏度和线性均优于 CCD,但 CCD 具有多通道分析优势,CCD 的使用大大提高了光谱仪器的分析测试速度。

　　CCD 是 20 世纪 70 年代初期发明的新一代光电传感器件,它的诞生使整个光谱分析仪器领域发生了革命性的变化。由于具有卓越的光电响应量子产率,以及对可见光的频率响应范围宽的特性,CCD 成为光谱分析仪器的理想检测器。它不但具有固态集成器件所具有的体积小、质量轻、抗震性能强、功耗低等一系列优点,还具有能够并行多通道检测光谱的特点,尤其是它可以进行长时间的"积分",从而使其光电检测灵敏度可与传统的光电倍增管相比拟,并逐渐取代光电倍增管,成为现代光谱仪器的理想检测器。CCD 是基于金属氧化物半导体(MOS)工艺的光敏元件,即由金属电极(M)、氧化物(绝缘体,O)和半导体(如 P 型半导体,S)三层组成(图 2.29),在 MOS 元件的金属层加一正电压后,在氧化物(绝缘层如 SiO_2)和半导体间形成电子势阱,当光照射到 CCD 的光敏像素上时,光子穿过电极及氧化层,进入 P 型硅基片,基片中处于价带的电子吸收光子能量而跃入导带,形成电子空穴对,在外加电场作用下落入势阱中,形成电荷包,积累电荷量与入射光强度和积分时间有着线性的关系。通过将按一定规则变化的电压加到 CCD 各电极上,半导体表面会形成一系列深浅不同的势阱,电荷包便可沿着势阱的移动方向连续移动,进入输出二极管并被送入前置放大器,实现电荷、电压的线性变换,完成电荷包上的信号检测。根据输出的先后顺序可以判断出电荷来自哪一个光敏元,并根据输出电压的大小判断该光敏元受光照射的强度。CCD 的基本工作过程就是信号电荷的产生、存储、传输和检测的过程。

　　在原子发射光谱中采用 CCD 检测器可实现多谱线同时检测,借助计算机系统快速处理光谱信息的能力,可极大地提高发射光谱分析的速度。

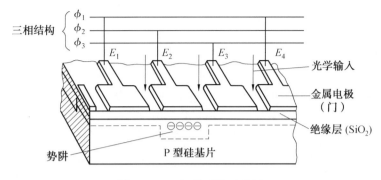

图 2.29 CCD阵列的示意图

2.4 光谱定性及半定量分析

因各种元素的原子结构不同,在光源的激发作用下,由于电子跃迁,可以产生许多按一定波长次序排列的谱线组——特征谱线,其波长是由每种元素的原子性质决定的,是区别元素的重要标志,可以此为依据进行定性及半定量分析。定性及半定量分析的目的是确认、鉴定样品中存在的元素种类。如果某种样品的光谱图中有几种元素的谱线同时出现,就证明该样品中含有这几种元素。

2.4.1 光谱定性及半定量分析所依据的谱线

原子发射光谱是原子结构的反映,结构越复杂,光谱也越复杂,谱线就越多。最简单的元素氢的原子谱线也不少,而过渡元素、稀土元素的光谱就更加复杂,其光谱有上千条谱线。同一元素的这些谱线,由于激发能、跃迁概率等各方面的原因,其强度是不同的,也就是灵敏度是不同的。在进行定性或半定量分析时,不可能也不需要对某一元素的所有谱线进行鉴别,而只需检出几条合适的谱线。一般说来,若要确定试样中某元素的存在,只需找出该元素两条以上的灵敏线或最后线。元素的灵敏线一般是指一些激发电位低、强度大的谱线,多是共振线。元素谱线的强度随其含量的降低而减弱,当样品中元素的含量逐渐减少时,一些较不灵敏的谱线必然因灵敏度不够而逐渐消失,当元素含量减至很小,仍然能观察到的少数几条谱线,称为元素的最后线。最后线一般是最灵敏线。光谱定性分析就是根据灵敏线或最后线来判断元素的存在,所以它们还称为分析线。

2.4.2 定性分析

元素光谱具有一定的波长,通过观察所摄取试样的光谱,找出各谱线的位置,可辨认谱线的波长,从而确定试样中存在哪些元素。光谱定性分析所依靠的是谱线波长的准确测量。定性分析的方法主要有标准试样比较法和铁光谱比较法。

1. 标准试样比较法

将欲检出元素的物质或纯化合物与未知试样在相同条件下并列摄谱于同一块感光板上,显影、定影后在映谱仪上对照检查两列光谱,以确定未知试样中某元素是否存在。此法多应用于不经常遇到的元素分析。

2. 铁光谱比较法

此法是以铁的光谱为参比,通过比较光谱的方法来检测试样的谱线。由于铁元素的光谱非常丰富,在 210~660 nm 大约有 4 600 多条谱线,谱线间相距都很近,分布均匀,并且铁元素的谱线波长均已准确测定,在各个波段都有一些易于记忆的特征谱线;而大多数元素分析用的谱线出现在铁元素所发射的谱线的光谱范围内,并且在此范围内感光板乳剂又是灵敏的,因此人们制成了铁的标准光谱图(图 2.30)。即在一张将实际摄得的光谱图放大 20 倍以后的不同波段的铁光谱图上方,准确标绘上 68 种元素的主要光谱线,便构成了标准光谱图。在实际分析时,将试样与纯铁在完全相同条件下并列紧挨着摄谱,将摄得的谱片置于映谱仪上,谱片也放大 20 倍后,再与标准光谱图比较。当两个谱图上的铁光谱完全对准重叠后,检查元素谱线,如果样品中未知元素的谱线与谱线图中已标明的某元素谱线出现的位置相重合,则该元素就有可能存在。铁光谱比较法可同时进行多元素定性鉴定。

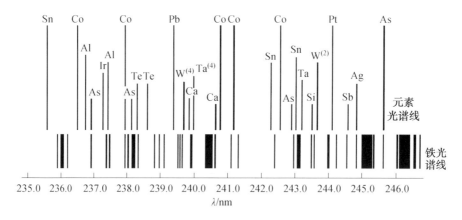

图 2.30　铁的标准光谱图

定性分析一般采用直流电弧作激发光源,并且经常先小电流后大电流分段激发样品,以保证易挥发元素和难挥发元素都能较多地检出,减少谱线重叠和背景。采用较小的狭缝以减少谱线重叠。摄谱时多采用哈特曼(Hartman)光阑,这种光阑是一块金属多孔板,如图 2.31 所示。该光阑置于狭缝前,摄制不同样品或同一样品而不同阶段的光谱时,移动光阑使光线通过光阑的不同孔道摄在感光板的不同位置上,而不移动感光板,以防止移动干板时引起波长位置的变动(现在的光谱仪把哈特曼光阑制成圆形的金属薄板,各种孔道有规则地排列,密封在狭缝前,通过转动外部鼓轮以选择通道)。

目前这些定性分析工作多在与仪器配套的计算机上来完成。需要指出的是,当样品组成复杂时,常发生谱线的重叠干扰,因此研究一种元素是否在样品中存在,不能仅靠检查一条谱线就做出判断,通常应在光谱图上找出 2~3 条待测元素的灵敏线才可确认某元素的存在。

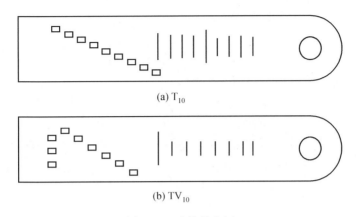

(a) T_{10}

(b) TV_{10}

图 2.31 哈特曼光阑

2.4.3 光谱半定量分析

光谱半定量分析可以给出试样中某元素的大致含量,是一种较粗略的定量方法,可以估计试样中元素的大概含量,通常可允许的误差为 30%～200%,若分析任务对准确度要求不高,多采用光谱半定量分析。

半定量的依据是待测元素谱线的数目或谱线的强度,因为试样中元素的含量与谱线出现的多少、谱线的强度有直接关系。利用元素谱线数目和谱线强度进行半定量分析的常用方法有如下几种。

1. 显线法

显线法是利用谱线数目出现的多少来估计元素含量的。如果在元素达到某一含量时,某一谱线才开始出现,那么在分析时就可以利用这条谱线是否出现来估计元素的含量。某谱线出现所必需的最低浓度称为该谱线的灵敏度。依此原理,在一定条件下,将一系列已知含量的标准样品摄谱,找出这些谱线刚出现时所对应的浓度,制出谱线显现表,依此表可测定未知试样的元素含量。

显现法的特点是不需经常拍摄标样光谱,简单快速,并且用肉眼判断谱线的出现比判断黑度的大小要准确。不过显现法受试样组成和工作条件影响较大,因此在分析时应注意区别试样类别及控制统一的工作条件。

2. 比较光谱法

比较光谱法的依据是,随着样品中元素含量的增加,谱线黑度增大。配制一个基体与试样组成近似的被测元素的标准系列,在相同条件下,在同一感光板上标准系列与试样并列摄谱。然后在映谱仪上用目视法直接比较试样与标准系列中被测元素分析线的黑度。若黑度相同或黑度界于某两个标准样之间,则可做出试样中被测元素的含量与标准样品中某一元素含量近似相等或界于两个标准含量之间的判断。

3. 均称线对法

均称线对法的原理为,选用一条或数条分析线与一些内标线组成若干个均称线组,常以含量保持不变的主要成分元素的一系列谱线作为内标线。在一定的分析条件下对试样摄谱,观察所得光谱中分析线和内标线的黑度,找出黑度相等的均称线对来确定试样中分析元素的含量。这种方法实际和看谱仪目视法的均称线对法一样,只是所用仪器不同。

2.5　光谱定量分析

　　光谱定量分析是准确地测定试样中元素含量的分析方法。分析方法的依据是:试样中的元素含量与谱线强度有递增关系,即含量越高,谱线强度越大。目前,光谱定量分析主要使用光电直读光谱法,整个测试过程一般由计算机控制,试样的测量可在几分钟内完成。摄谱法首先需要把试样摄谱到感光板上,再进行显影定影,然后在映谱仪上对照标准谱图标识谱线,并在测微光度计上测量谱线的黑度,最后根据谱线的黑度确定元素的含量,整个分析过程需 $2\sim3$ h。

2.5.1　赛伯－罗马金公式

　　谱线的发射强度是由激发态原子浓度决定的。对原子线有

$$I = K^0 N \mathrm{e}^{-\frac{E_i}{KT}} \tag{2.35}$$

对离子线有

$$I^+ = K^+ N (KT)^{5/2} \mathrm{e}^{-\frac{V+E_i}{KT}} \tag{2.36}$$

式中,N 为试样中原子数目,与浓度成正比;E_i 为离子激发电位;K^0,K^+ 为对原子线和离子线的不同系数;V 为该元素的电离电位;E_i 为原子激发电位。

　　当其工作条件一定时,温度可以认为是不变的,另外再考虑自吸问题,式(2.35)、式(2.36)均可简化为

$$I = ac^b \tag{2.37}$$

将式(2.37)取对数有

$$\lg I = b\lg c + \lg a \tag{2.38}$$

式(2.38)为光谱定量分析的基本关系式。式中,a 为比例系数,与试样的蒸发、激发过程及试样的组成有关;b 为自吸系数,与试样的含量、谱线的自吸有关,当 $b=1$ 时可以认为没有自吸现象,当 $b<1$ 时,元素含量较大,谱线有自吸,而且 b 越小,说明自吸越严重;c 为被测物浓度。

　　以 $\lg I$ 为纵坐标,$\lg c$ 为横坐标作图,所得校准曲线在一定浓度范围内呈直线。在高浓度时,$b<1$,曲线发生弯曲。式(2.38)由赛伯(Schiebe G)和罗马金(Lomakin)先后独立提出的,故称赛伯－罗马金公式。直接利用赛伯－罗马金公式进行光谱定量分析称为绝对强度法。

2.5.2　内标法

　　内标法的提出是光谱分析的一个重要发展,因为在这以前光谱定量分析方法的准确度难以保证。由于试样的蒸发与激发条件,以及试样的组成与形态都会影响赛伯－罗马金公式中的比例常数 a,即影响谱线的 I,而在实际工作中要完全控制这些因素有一定的困难。因此,用测量谱线的绝对强度进行分析,难以获得准确的结果,因而采用内标法进

行光谱的定量分析。

内标法是通过测量谱线的相对强度来进行光谱定量分析的方法。具体做法是:在分析元素的谱线中选择一条谱线,称为分析线,再在基体元素(或试样中加入定量的其他元素)的谱线中选一条谱线,称为内标线(或称比较线)。分析线和内标线组成分析线对。提供内标线的元素称为内标元素。分别测量分析线与内标线的强度,求出它们的比值即相对强度。根据分析线对的相对强度与被测元素含量的关系进行定量分析。这种方法可以很大程度上消除上述不稳定因素对测量结果的影响。因为,只要内标元素及分析线对选择合适,各种条件因素的变化对分析线对的影响基本上是一样的,其相对强度也基本不会变化,因此分析的准确度得到改善。这就是内标法的优点。

若被测元素和内标元素的浓度分别为 c_1 和 c_2,分析线对的强度分别为 I_1 和 I_2,自吸系数分别为 b_1 和 b_2,则

$$I_1 = a_1 c_1^{b_1} \tag{2.39}$$

$$I_2 = a_2 c_2^{b_2} \tag{2.40}$$

分析线对的强度比 R 为

$$R = \frac{I_1}{I_2} = \frac{a_1 c_1^{b_1}}{a_2 c_2^{b_2}} \tag{2.41}$$

由于 c_2 一定,b_2 也一定,而且各种条件因素对 a_1 和 a_2 的影响基本相同,所以

$$A = \frac{a_1}{a_2 c_2^{b_2}}$$

为常数,即

$$R = \frac{I_1}{I_2} = Ac^b$$

取对数得

$$\lg R = b \lg c + \lg A \tag{2.42}$$

式(2.42)为内标法光谱定量分析的基本公式。以 $\lg R$ 对 $\lg c$ 所作的曲线即为相应的工作曲线。因此只要测出谱线的相对强度 R,便可从相应的工作曲线上求得试样中欲测元素的含量。由于分析线对是在同一感光板上摄谱,实验条件稍有改变,两谱线所受影响相同,相对强度保持不变,所以可得较准确的结果。

内标元素和内标线的选择并不是任意的,否则会造成定量分析的误差增大。通常选择内标元素有以下几条原则。

① 若内标元素是外加的,则该元素在分析试样中应该不存在,或含量极微可忽略不计,以免破坏内标元素量的一致性。

② 被测元素和内标元素及它们所处的化合物必须有相近的蒸发性能,以避免"分馏"现象发生。

③ 分析线和内标线的激发电位和电离电位应尽量接近(激发电位和电离电相位等或很接近的谱线称为均称线对)。分析线对应该都是原子线或都是离子线,一条为原子线而另一条为离子线是不合适的。

④ 分析线和内标线的波长要靠近,以防止由感光板反衬度的变化和背景不同引起的

分析误差。分析线对的强度要合适。

⑤ 分析线和内标线应为无自吸或自吸很小的谱线,并且不受其他元素的谱线干扰。

⑥ 所加入内标元素的试剂或化合物,应有很高的纯度,且不应含有要分析的元素。

2.5.3　乳剂特性曲线正常曝光部分与内标法基本关系式

式(2.34)已得出 $S=\gamma(\lg H-\lg H_i)=\gamma\lg H-\gamma\lg H_i=\gamma\lg H-i$,由于曝光量等于照度 E 乘以曝光时间 t,而 $E\propto I$,故

$$S=\gamma\lg(It)-i \tag{2.43}$$

设 S_1、S_2 分别为分析线和内标线的黑度,则

$$S_1=\gamma_1\lg(I_1t_1)-i_1 \tag{2.44}$$

$$S_2=\gamma_2\lg(I_2t_2)-i_2 \tag{2.45}$$

因为在同感光板上,曝光时间相等,即 $t_1=t_2$;当分析线对的波长、强度、宽度相近,且其黑度值均落在乳剂特性曲线的直线部分时,$\gamma_1=\gamma_2$,$i_1=i_2$ 则分析线对的黑度差 ΔS 为

$$\Delta S=S_1-S_2=\gamma\lg\frac{I_1}{I_2}=\gamma\lg R \tag{2.46}$$

将式(2.42)代入式(2.46)得

$$\Delta S=\gamma\lg R=\gamma b\lg c+\gamma\lg A \tag{2.47}$$

式(2.47)即为用内标法进行定量分析的基本关系式。由此式可见,在一定条件下分析线对的黑度差与试样中该组分的含量 c 的对数呈线性关系。

2.5.4　定量分析

在实际分析工作中,常用的光谱定量分析方法有校准曲线法和标准加入法。

1. 标准曲线法

标准曲线法又称三标准试样法,是指在分析时,配制一系列被测元素的标准品(不少于 3 个),将标准试样和试样置于相同的实验条件下,测量分析线或分析线对的强度(或黑度),以强度或强度的对数值对浓度或浓度的对数值作校准曲线,并由该校准曲线求出试样中被测元素的含量。

(1)光电直读光谱法。

光电直读光谱法主要使用 ICP 作为激发光源,一般将样品制备成水溶液或有机溶液。由于使用溶液样品喷雾,因此样品的均匀性与基体效应对试样蒸发和挥发的影响大大改善。在多通道光谱仪器中,每个通道检测一种元素,各通道元素的谱线强度与浓度的关系式为

$$\lg I=b\lg c+\lg a$$

或

$$\lg R=b\lg c+\lg A \tag{2.48}$$

求得相关参数储存于计算机中,从而在计算机中形成一个参数矩阵表。在不同实验条件的测量中,可以先通过测定 3 个标准品修改矩阵表中的参数。然后进行试样测定,最后计算机根据矩阵表中各元素的相关参数,自动计算并打印出试样中各元素的浓度或含

量。使用内标法时，由计算机将指定的元素通道没定为内标通道，分析时按式 $\lg R = b\lg c + \lg A$ 确定矩阵参数表。

（2）摄谱法。

在相同的实验条件下，将标准品和试样在同一感光板上摄谱、曝光，并经显影、定影后，形成的谱线就呈现在感光板上，测量试样和标准品的分析线对的黑度值差 ΔS，绘制黑度差关于其浓度的对数值 $\lg c$ 的标准曲线。再由试样的分析线对的黑度值差，从标准曲线上查出试样中被测元素的含量。

2. 标准加入法

标准加入法又称增量法。在测定微量元素时，若不易找到不含被分析元素的物质作为配制标准品的基体，可以在试样中加入不同已知量的被分析元素来测定试样中的未知元素的含量，这种方法称为标准加入法。

设试样中被分析元素的浓度为 c_x，在试样中加入不同已知浓度为 $c_1, c_2, \cdots, c_i$ 的该元素，然后在同一实验条件下摄谱。再测量分析线对的相对强度 R，以 R 对不同浓度 c_i 作图得到一直线，如图 2.32 所示。将直线外推，与横坐标相交的截距绝对值为试样中分析元素的浓度 c_x。 根据内标法的基本公式：

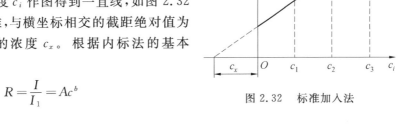

图 2.32 标准加入法

$$R = \frac{I}{I_1} = Ac^b$$

当 $b = 1$ 时

$$R = A(c_x + c_i)$$

当 $R = 0$ 时

$$c_x = -c_i \tag{2.49}$$

2.6 光谱分析的准确度、精密度、灵敏度和检出限

光谱分析中准确度、精密度、灵敏度和检出限是几个十分重要的概念。

2.6.1 准确度

准确度是指分析方法的测量值接近于真实值的程度，常用相对误差 E 表示。若标准样品（或管理样品）的真实值（或推荐值）为 x_T，而测得值为 x，则测定的相对误差为

$$E = \frac{x - x_T}{x_T} \times 100\% \tag{2.50}$$

对于多次平均测量，准确度可以用平均相对误差 $\overline{E}$ 表示，$\overline{E}$ 为各次测量相对误差 E_i 的绝对值之和除以测量次数 n，即

$$\overline{E} = \frac{\sum\limits_{i}^{n} |E_i|}{n} \tag{2.51}$$

2.6.2　精密度

精密度是指多次平行测量值相互之间的接近程度,可以用相对偏差 d 表示。若 n 次测量值为 x_i,则 n 次测量平均值为 $\bar{x} = \dfrac{\sum\limits_{i=1}^{n} x_i}{n}$,那么各次测量值的相对偏差为

$$d_i = \frac{x_i - \bar{x}}{\bar{x}} \times 100\% \tag{2.52}$$

精密度更常用相对标准偏差 RSD 表示:

$$\mathrm{RSD} = \frac{s}{\bar{x}} \times 100\% \tag{2.53}$$

式中,s 为标准偏差,且

$$s = \sqrt{\frac{\sum\limits_{i=1}^{n} (x_i - \bar{x})^2}{n-1}} \tag{2.54}$$

2.6.3　灵敏度

按照 IUPAC(国际纯粹与应用化学联合会) 的定义,灵敏度是指当浓度 c 或含量 q 有很小的变化时,测量信号 x 的变化幅度,即测量信号对浓度或含量的变化率,也就是分析校准曲线 $x = f(c)$ 或 $x = f(q)$ 的斜率,用 $\dfrac{\mathrm{d}x}{\mathrm{d}c}$ 或 $\dfrac{\mathrm{d}x}{\mathrm{d}q}$ 表示。对于光谱定量分析,如果是绝对强度法,其校准曲线方程为

$$\lg I = \lg a + b \lg c \tag{2.55}$$

则灵敏度为 b。如果是用内标摄谱法,其校准曲线方程为

$$\Delta S = rb \lg c + r \lg A \tag{2.56}$$

则灵敏度为 rb。

2.6.4　检出限

检出限(LOD,x_1) 又称检测下限或检测限,定义为在误差分布服从正态分布的条件下,能以 99.7% 置信度被检出的被测物的最低浓度,即信号为空白样品信号标准偏差 3 倍时所对应的被测物的浓度。实际分析中,由于测量次数有限,测量误差往往是非正态分布,由此计算的检出限的置信度实际上约为 90%。空白样品是指不含待测物的样品,即阴性样品。但有时找不到空白样品,即样品均含被测物(阳性样品),则可用试剂空白,试剂空白是除不加样品外,加样品处理过程中的所有试剂得到的样品。如果分析空白样品多次(如 20 次),所得信号的平均值为 y_B,噪声是波动的信号,噪声的大小可用空白信号的标准偏差 s_B 来表示,则检出限 x_1 为

$$x_1 = \frac{3 s_B}{b}$$

式中,s_B 为空白信号的标准偏差,其计算方法类似式(2.54),即根据每次测得的信号与平

均信号可求得空白信号的 s_B；b 为线性校准曲线的斜率,若校准曲线由几条直线组成,b 则应为曲线最下端直线的斜率。

上面介绍了一般分析化学的有关专著和教材中关于检出限的定义及确定方法。但在实际工作中,有时会遇到两个方面的问题,一是分析空白样品 20 次,特别是当样品分析时间太长时,则很难完成;二是若分析空白样品时,没有明显的信号,则得不到 s_B。为了解决这两个问题,也提出了一些其他得到 s_B 的方法。① 因测量空白信号的 s_B 需测量次数较多,为了节省时间,也有人建议用 $s_{\bar{x}}$ 来代替 s_B,这样在绘制校准曲线时就可得到 s_B,可节省时间。② 在色谱分析法中计算检测器的检出限时,用基线在短时间内的峰—峰值,即基线噪声的极大值与极小值之差来表示噪声大小。③ 利用我国有关部门制定的环境保护标准(环境监测分析方法标准制修订技术导则 HJ 168—2010),则比较容易求得检出限。这一标准规定,样品分析次数 7 次以上。若样品中含有待测物,则通过分析样品 7 次以上得到的待测物信号的标准偏差就可看作 s_B,从而可求得检出限;若样品中不含待测物,可向样品中加入标准溶液制备标加样品,但标加待测物的浓度一般应为估计检出限的 $3\sim5$ 倍,而后分析标加样品 7 次以上,得到的待测物信号的标准偏差可作为 s_B,从而可求得检出限。

定量限(LOQ,x_q)是定量分析实际可以达到的极限,与上述检出限的定义类似,根据国际纯粹与应用化学联合会的规定,定量限相当于空白测量值标准偏差 10 倍的信号所对应的被测物浓度,即

$$x_q = \frac{10s_B}{b}$$

2.7 电感耦合等离子体发射光谱

2.7.1 概述

电感耦合等离子体发射光谱法出现于 20 世纪 60~70 年代,并获得迅速发展。1975 年 IUPAC 将电感耦合等离子体发射光谱分析法推荐为专用术语,简称为 ICP－AES 或 ICP－OES。该法既具有原子发射光谱法多元素同时测定的优点,又具有原子吸收光谱法溶液选样的灵活性和稳定性,已经成为元素分析通用的技术之一。近半个世纪以来,ICP－AES 在仪器的灵敏度、稳定性,分析精密度、准确度和快速、自动化等方面有了长足的进步,ICP 仪器的商品化有力地推动了 ICP 分析技术的发展和应用。ICP－AES 在主成分、次成分、痕量成分的多元素同时测定,固态、液态、气态样品的直接分析方面都取得了很好的效果。随着高频发生器的数字化、水平炬管端视观测方式和超声雾化的引用,计算机技术和强大的软件功能的引入,仪器的自动控制和智能化,光谱信息的实时处理,ICP－AES 分析技术将向更高灵敏度、更高稳定性、更广分析应用领域的方向发展。

2.7.2 仪器结构

ICP－AES 光谱仪由高频发生器,炬管、工作气体和气路,进样系统,光学系统,检测

系统和计算机系统组成。

1. 高频发生器

高频发生器是一种产生固定频率的高频电源,其作用是向等离子炬管上的感应线圈提供高频电流。对高频发生器的主要要求是:功率输出和频率应尽可能稳定,长时间工作无功率漂移,功率转换效率高。特别是发生器的输出功率必须有极好的稳定性,频率的变动一般要求$\leqslant 0.1\%$,输出功率变化范围为$\pm 0.05\%$。高频发生器按振荡形式分为"自激"式发生器(电子管自激振荡)和"它激"式石英稳频发生器(晶体控制振荡)。

2. 炬管、工作气体和气路

目前各仪器上配用的ICP炬管有可拆卸式和整体式两种。整体式炬管精度要好些,但清洗维护不方便;可拆卸炬管则方便得多。等离子气、冷却气和载气都是纯度为99.99%的纯氩气。氩气是惰性气体,既不会因分子解离吸收能量,又不会和分析样品形成难分解化合物,使光谱更为简单。

3. 进样系统

ICP的进样系统有三种进样方式:溶液雾化进样、气体进样、固体超微粒体进样。其中以溶液雾化进样为主,固体超微粒体进样的分析性能尚不够理想,还没得到普遍应用。

4. 光学系统

ICP光源属于富线光谱光源,要求仪器有高的分辨率,光学系统用多色仪或单色仪。在ICP—AES仪器上用的光栅以反射光栅为主,常用的为平面反射光栅、凹面反射光栅与中阶梯光栅。

5. 检测系统

(1)光电倍增管。

光电倍增管在紫外光区和可见光区均有很高的灵敏度、极快的响应速度,在多道ICP—AES仪器中被普遍采用。热发射电子产生的暗电流噪声,限制了光电倍增管的灵敏度。近年来,发展了一种高动态范围的PMT检测器(HDD),它可以随光谱信号的强弱由计算机实时高速自动调节增益,配合快速扫描方法可以采集更多的光谱信息,检测动态范围达5×10^9。利用这种高动态范围检测器及其快速信号采集电路,可通过高速扫描采集全部谱图,并保证有全波段均衡的分辨率。

(2)固体检测器(CTD)。

固态检测器在ICP光谱仪器上得到广泛应用,已成为光谱检测器的主流元件。现代全谱直读光谱仪中已被采用的固态检测器,主要有CCD、电荷注入式检测器(CID)及分段式电荷耦合检测器(SCD)。

CCD、CID等固态检测器,具有量子效率高(可达90%)、光谱响应范围宽($165\sim 1\,000\,\mathrm{nm}$)、暗电流小、灵敏度高、信噪比较高、线性动态范围大($5\sim 7$个数量级)的特点,是接近理想的检测器件,而且其是超小型的、大规模集成的元件,大大缩短了分光系统的焦距(可缩短到$0.4\,\mathrm{m}$),使仪器体积大为缩小。

2.7.3　ICP分析的干扰效应与校正

干扰(interference)是指共存物质引起分析结果偏离正确结果的效应。基体效应

(matrix effect)是指基体各成分的集合对分析元素测定结果的综合影响。根据干扰的来源可以分为光谱干扰(包括连续背景干扰)和非光谱干扰(包括化学干扰,电离干扰和由溶液的黏度、密度、表面张力、气态原子扩散迁移过程的变化引起的物理干扰)。由于 ICP 的高温和很高的电子密度,化学干扰和电离干扰通常是很轻微的。只有当易电离元素大量存在时,才需考虑电离干扰。ICP 光谱分析中存在的主要干扰为光谱干扰和基体效应。

1. ICP 的光谱干扰及校正

常规 ICP 分析中最简便和实用的干扰校正方法是采用基体匹配法,但需要预先知道样品基体元素含量,特别是干扰较大的元素的准确含量。冶金分析中常常采用相同基体的合金试样打底绘制校正曲线进行校正,还结合使用 K 系数校正法进行校正。

多道仪器可以采用多谱图校正技术,自动地校正光谱干扰。已有 CCD 全谱仪器推出多组分谱图拟合技术(MSF)、快速自动曲线拟合技术(FACT)等实时谱线干扰校正技术。FACT 的原理是以高斯分布数学模式对被测物和干扰物的谱图进行最小二乘法线性回归,实时在线解谱,实时扣除谱线干扰,并同时进行背景校正。

对于光谱干扰的校正,通常的商品仪器设备有离峰校正法及 K 系数法,由计算机软件自动进行。离峰扣背景校正法,只能消除连续背景、杂散光的影响,对谱线重叠干扰却无能为力;K 系数校正法对两者均能校正,但要准确计算好校正系数,当干扰元素含量较高、测量偏差又较大时,则校准误差较大。

2. 基体效应及消除

在溶液分析中由于溶液中酸及试剂的浓度不同,也呈现出干扰效应,如酸效应、盐效应等,通常也归为基体效应。基体效应产生的影响表现如下。

①降低雾化率和改变过程。溶液中酸浓度以及溶解固体量增加,使溶液的密度、黏度、表面张力增大,雾化率降低,分析元素的信号强度也随之降低。各种无机酸的影响按以下次序递增:HCl、HNO_3、$HClO_4$、H_2SO_4、H_3PO_4。因此 ICP 分析溶液制备一般都不用磷酸和硫酸作介质,而用盐酸和硝酸或高氯酸。

②基体成分的变化影响分析元素的激发过程,从而影响其信号输出。例如大量 K、Na、Mg 和 Ca 的存在能使背景增加,使其他分析元素的信号受到抑制。其基体效应按下列次序递增:K、Na、Mg、Ca。

总体来说,ICP—AES 分析的基体效应相对较小,只要溶液的酸浓度及溶解固体量保持在一定的合适浓度下,基体效应是可以克服的。克服基体效应最有效的方法是使标准溶液系列与试样溶液进行基体匹配。内标法也是一种好方法。

3. 非光谱干扰及消除

非光谱干扰中化学干扰和电离干扰较小,主要是物理干扰(凝聚态干扰和气态干扰)。雾化去溶干扰是 ICP—AES 中的一种重要干扰,可引起试液吸入速率、雾化效率、去溶分数及气溶胶粒度大小及其分布的变化。挥发和原子化干扰影响颗粒物在 ICP 中的分布及停留时间,在较高的等离子观测区域挥发干扰较小。

非光谱干扰可以通过正确选择操作参数,如功率、载气流速、观测高度等,以及分析溶液的基体匹配来补偿和消除。

四、ICP-AES 的特点

ICP-AES 有以下几方面优点。

①温度高,惰性气氛,原子化条件好,有利于难熔化合物的分解和元素激发,有很高的灵敏度和稳定性。

②"趋肤效应",涡电流在外表面处密度大,且表面温度高,轴心温度低,中心通道进样对等离子的稳定性影响小。

③ICP 中电子密度大,碱金属电离造成的影响小。

④氩气产生的背景干扰小。

⑤无电极放电,无电极污染。

ICP-AES 的缺点在于对非金属测量的灵敏度低,仪器昂贵,使用费用高。

2.8 电感耦合等离子体质谱法

2.8.1 概述

质谱法是一种在电场及磁场作用下,对带电荷离子进行分离和分析的方法。离子可以是有机物离子也可以是无机物离子,即分为有机质谱法和无机质谱法。有机质谱法的离子源一般能量较低,只能把有机物分子断裂而形成碎片离子。由于无机物难于气化及电离能高等原因,有机质谱法的离子源难以产生无机离子。无机质谱法也称原子质谱法。

质谱法具有很高的灵敏度,可进行超痕量分析,它还可以进行多元素同时测定。因此人们不断地研究,希望把质谱法用于无机物分析,并试图把原子发射光谱法的光源用作离子源,也取得了一些进展。当电感耦合等离了体(ICP)广泛应用后,由于 ICP 光源中,电离温度很高,被分析元素会发生电离,约 80% 以上离子化,是一个丰富的离子源,可进行超痕量的元素质谱分析。近年来 ICP 质谱法取得了巨大的成功,发展迅速。

2.8.2 基本原理

原子质谱分析包括以下步骤。

①原子化。

②将原子化的大部分原子转化为离子流,一般为单电荷正离子。

③离子按质量-电荷比(质荷比)分离。

④计数各种离子的数目或测定由试样形成的离子轰击传感器时产生的离子电流。

具有同位素的元素,由于各同位素的相对原子质量不同,在原子质谱图中,可出现不同质荷比的同位素峰。

2.8.3 质谱仪

质谱仪的作用是使待测原子电离成离子,并通过适当的方式使离子按质荷比分离,检测其强度,进行定性和定量分析。原子质谱和分子质谱的仪器结构基本相似,由进样系统、离子源、质量分析器、检测器和真空系统组成,其中离子源、质量分析器和检测器是质谱仪的核心。

1. 离子源

离子源的作用是提供能量使原子电离成离子。由于无机物难于气化及电离,因此,有机质谱中的离子源难以产生无机离子。原子质谱仪的离子源包括高频火花离子源、ICP电离源、辉光放电离子源等,其中 ICP 电离源是目前原子质谱中应用最广泛的离子源。

2. 质量分析器

质量分析器的作用是将离子源中形成的离子按质荷比的大小分开。常用的有单聚焦质量分析器、双聚焦质量分析器、四极滤质器、飞行时间质量分析器等。

3. 检测器

检测器的作用是对经质量分析器分离的离子流加以接收和记录。常用的检测器有法拉第杯、电子倍增器及照相底片等。

2.8.4 ICP 质谱法仪器装置

ICP 质谱法(Inductively Coupled Plasma－Mass Spectrometry,ICP－MS)以 ICP 作为离子源,电离温度很高,可以进行超痕量元素的质谱分析。

在 ICP－MS 中,待测元素在处于高温、大气压下的 ICP 炬焰中原子化和电离,在导入真空状态下的质谱仪时,需要一个接口。图 2.33 所示为 ICP－MS 进样接口示意图。带有水冷夹套的金属板制成的取样锥与 ICP 炬管口距离约为 1 cm,中央有一个直径约 $0.75\sim1.2$ cm 的采样孔,其中心对准炬管的中心通道。炽热的等离子体气体喷射到取样锥上,通过小孔进入一个由机械泵维持压力为 100 Pa 的真空区域。在此区域,气体迅速膨胀并冷却,其中一部分将通过截取锥的小孔进入一个压力与质量分析器相同的空腔。在空腔内,正离子与负离子和分子分离并被加速,进入到离子光学系统,用离子镜聚焦,形成一个方向的离子束,进入质量分析器,离子束经质量分析器分离后,用离子检测器检测。

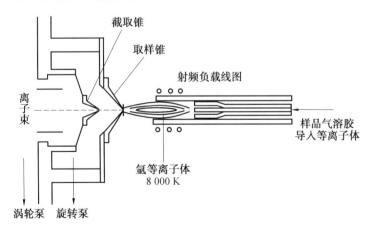

图 2.33 ICP－MS 进样接口示意图

2.8.5　分析方法

1. 定性和半定量分析

ICP－MS谱图简单,易于解释,可以根据质荷比来进行多元素快速定性分析。

2. 定量分析

ICP－MS检出的离子流强度与离子数目成正比,通过离子流强度的测量可进行定量分析。最常用的定量方法是标准曲线法,用离子流强度对浓度作标准曲线。为克服仪器的不稳定性和基体效应,可采用内标法。内标元素通常选用质量在原子量范围的中心部分且很少自然存在于试样中的^{115}In、^{113}In和^{103}Rh。

3. 同位素稀释质谱法

同位素稀释质谱法(Isotop Dilution Mass Spectrometry,IDMS)是往试样中加入已知量的添加同位素的标准溶液,添加同位素一般为分析元素所有同位素中天然丰度较低的稳定同位素,经富集后加入试样。由于添加同位素的加入,被测元素被稀释,因此称为同位素稀释法。通过测定添加同位素与参比同位素(通常是被测元素的丰度最高的同位素)的信号强度比来进行定量分析。

2.8.6　干扰及其消除方法

ICP－MS的谱图非常简单,图2.34所示为$10\ \mu g \cdot mL^{-1}$铈(Ce)溶液的ICP－MS图谱,主要由Ce的同位素峰和简单的光谱背景峰组成。而同一试样如果采用ICP－AES分析,则可看到Ce的十几条强线和几百条弱线,而且光谱背景十分复杂。ICP－MS法的干扰不十分严重,但仍有一些因素会产生干扰。

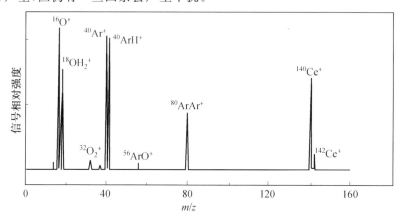

图2.34　$10\ \mu g \cdot mL^{-1}$Ce溶液的ICP－MS图谱

1. 同质量离子的干扰

当两种不同元素具有几乎相同质量的同位素时,会产生质谱峰的重叠。例如,铟有$^{113}In^+$和$^{115}In^+$两个稳定的同位素,前者与$^{113}Cd^+$重叠,后者与$^{115}Sn^+$重叠。使用高分辨率的质谱仪可以减少或消除此类干扰。

2. 多原子离子的干扰

在测量过程中,由于引入氩和水,会产生 Ar^+、ArH^+、OH^+、OH_2^+、O^+、N^+ 等离子,在选择同位素进行测定时,要尽量避开这些离子的干扰。

3. 氧化物和氢氧化物离子的干扰

由分析物、基体组分、溶剂和等离子气体等形成的氧化物和氢氧化物是 ICP－MS 中的重要干扰因素,分析物和基体组分元素 M 形成的 MO^+ 和 MOH^+ 离子,有可能会与某些分析物离子峰重叠。氧化物的形成与实验条件有关,例如进样流速、取样锥和截取锥的间距、取样孔大小、等离子体气体成分以及氧和溶剂的去除效率等。通过控制实验条件可减小或消除此类干扰。

4. 试样制备时引起的干扰

在溶解试样时,使用盐酸或高氯酸,会生成 Cl^+、ClO^+、$ArCl^+$ 等离子;使用硫酸,可生成 S^+、SO^+、SO_2^+ 等离子。这些离子有可能会干扰某些元素的测定。因此在制备样品时,应尽量使用硝酸溶解。

2.8.7 ICP－MS 的特点

ICP－MS 具有以下几方面的优点。

(1)与其他无机分析法相比,是目前灵敏度最高与检出限最低的方法。对大部分元素的检出限为 $10^{-15} \sim 10^{-12}$ g·mL^{-1},可检出 $10^{-12} \sim 10^{-9}$ g 量级的元素。它的检出限可优于其他原子光谱法 3 个数量级,因此是种超痕量分析方法(表 2.8)。

表 2.8　不同量子光谱法的部分元素的检出限　　　　　　　　　　　ng·mL^{-1}

元素	AAS 火焰	AAS 电热	AES 火焰	AES ICP	ICP－MS
Ag	3	0.02	20	0.2	0.003
Al	30	0.2	5	0.2	0.06
Ba	20	0.5	2	0.01	0.002
Ca	1	0.5	0.1	0.000 1	2
Cd	1	0.02	2 000	0.07	0.003
Cr	4	0.06	5	0.08	0.02
Cu	2	0.1	10	0.04	0.003
Fe	6	0.5	50	0.09	0.45
K	2	0.1	3	75	1
Mg	0.2	0.004	5	0.003	0.15
Mn	2	0.02	15	0.01	0.6
Mo	5	1	100	0.2	0.003
Na	0.2	0.04	0.1	0.1	0.05
Ni	3	1	600	0.2	0.005
Pb	5	0.2	200	1	0.007
Sn	15	10	300	1	0.02
V	25	2	200	8	0.005
Zn	1	0.01	200	0.1	0.008

（2）可同时进行多元素分析。

（3）分析的准确度与精密度都很好,精密度可达 0.5%。

（4）测量的线性范围宽,可达 $4\sim6$ 个数量级;也可对高含量元素进行分析。

（5）谱线简单,容易辨认。

（6）可快速进行定性、定量分析,并可测定同位素。

ICP－MS 的缺点是仪器价格昂贵,日常运转和维护的费用较高,仪器的使用环境条件要求严格,必须恒温、恒湿、超净。

ICP－MS 中 ICP 热功率大部分损失了,进入质量分析器的离子只是很少的部分,因此,ICP－MS 还有更大的潜力。

习　题

1. 原子发射光谱仪由几部分组成? 各部分的功能是什么?

2. 原子发射谱线的强度与哪些因素有关? 能否根据谱线绝对强度直接进行定量分析?

3. 原子发射光谱是如何产生的? 原子发射光谱为什么是线状光谱?

4. 什么是光谱项? 什么是能级图?

5. 原子发射光谱法中,在下列情况下,应选择什么激发光源?

（1）对某经济作物植物体进行元素的定性全分析。

（2）炼钢厂炉前 12 种元素定量分析。

（3）铁矿定量全分析。

（4）头发中各元素定量分析。

6. 简述直流电弧、交流电弧、高压电火花、ICP 激发光源的特点及应用。

7. 光谱的定量分析为什么要用内标法? 选择内标线的原则是什么?

8. 什么是元素的共振线、灵敏线、最后线、分析线? 它们之间有什么联系?

9. 原子发射光谱定性分析、定量分析的依据是什么?

10. 什么是自吸与自蚀现象?

11. 原子发射光谱分析中,如何选择分析线和分析线对?

12. 下列哪种跃迁不能产生? 为什么?

（1）3^1S_0—3^1P_1;（2）3^1S_0—3^1D_2;（3）3^3P_2—3^3D_3;（4）4^3S_1—4^3P_1

13. 若用 500 条·mm^{-1} 刻线的光栅观察 Na 波长为 589.0 nm 的谱线,当光束垂直入射和以 $30°$ 角入射时,最多能观察到几级光谱?

14. 一束多色光射入含有 1 750 条·mm^{-1} 刻线的光栅,光束相对于光栅法线的入射角为 $48.2°$。试计算衍射角为 $20°$ 和 $-11.2°$ 的光的波长为多少?

15. 某光栅的刻度数为 1 200 条·mm^{-1},宽度为 15.0 cm。

（1）求此光栅一级光谱的分辨率。

（2）此光栅能将一级光谱中的 300 nm 分辨至多少?

（3）一级光谱中波长为 310.030 nm 和 310.066 nm 的双线能否分开?

16. 一台光谱仪配有 6 cm 的光栅，光栅刻线数为 6 250 条·cm^{-1}，当用其第一级光谱时，理论分辨率是多少？理论上需要第几级光谱才能将铁的双线 309.990 nm 和 309.997 nm 分辨开？

17. 实际测得 Na 原子的第一共振线波长为 588.994 nm 和 589.593 nm，求 Na 原子该两条谱线对应的共振电位。

18. 若光栅刻线数为 1 200 条·mm^{-1}，当入射光垂直照射时，计算 300 nm 波长光的一级衍射角。

19. K 原子共振线波长为 766.49 nm，求该共振线的激发能量（以 eV 表示）、频率和波数。

20. 某光谱仪能分辨位于 207.3 nm 和 207.1 nm 的相邻两条谱线，求该仪器的分辨率；若要求两条谱线在焦面上分离 2.5 mm，求仪器的线散色率和倒线色散率。

第3章　原子吸收光谱法

3.1　原子吸收光谱法概述

3.1.1　原子吸收光谱法的发展概况

原子吸收光谱(Atomic Absorption Spectroscopy, AAS)法又称原子吸收分光光度分析。早在18世纪初,人们就开始对原子吸收光谱(太阳连续光谱中的暗线)进行了观察和研究。虽然人们认识原子吸收现象较早,但真正将其应用于化学分析上是从1955年开始的,那之后原子吸收光谱法才作为一种仪器分析方法逐渐发展起来。

早在1802年,伍朗斯顿(W. H. Wollaston)在研究太阳光的连续光谱时,就发现有暗线存在。1817年,福劳霍费(J. Fraunhofer)再次发现这样的暗线,但不明其原因和来源,于是把这些暗线称为福氏线。直到19世纪60年代,才证明暗线是由太阳中处于高温部分的原子发射的辐射线,经过外围低温部分时,被其较冷的同种元素原子蒸气所吸收而形成的。到了20世纪30年代,工业上汞的使用逐渐增多,汞蒸气毒性强,而测定大气中的汞蒸气较为困难,于是有人利用原子吸收的原理设计了测汞仪,这是原子吸收光谱法的最初应用。

原子吸收光谱法作为一种实用的分析方法是从1955年才开始逐渐发展起来的。澳大利亚的瓦尔西(A. Walsh)发表了他的著名论文"原子吸收光谱在化学分析中的应用",奠定了原子吸收光谱法的理论基础。到了20世纪60年代中期,随着原子吸收光谱商品化仪器的出现,原子吸收光谱法步入迅速发展的阶段。尤其是非火焰原子化器的发明和使用,使该方法的灵敏度有了较大的提高,应用更为广泛。科学技术的进步为原子吸收技术的发展、仪器的不断更新和发展提供了技术和物质基础。近十几年来,使用连续光源和中阶梯光谱,结合用光导摄像管、二极管阵列的多元素分析检测器,设计出了微机控制的原子吸收分光光度计,为解决多元素的同时测定开辟了新的前景。微机引入原子吸收光谱,使这个仪器分析方法的面貌发生了重大变化;而与现代分离技术的结合,联机技术的应用,开辟了这个方法更为广阔的应用前景。

3.1.2　原子吸收光谱法和紫外-可见吸收光谱法比较

原子吸收光谱法和紫外-可见吸收光谱法的基本原理相同,两者都遵循朗伯-比尔定律。两者也有不同之处,首先吸光物质的状态不同,紫外-可见吸收光谱法是基于溶液的分子和离子对光的吸收,属于带宽几个纳米到数十纳米的宽带分子吸收光谱,因此,它可以使用连续光源(钨灯、氢灯);而原子吸收光谱法是基于基态原子对光的吸收,它是属于带宽仅有 10^{-3} nm 数量级的窄带原子吸收光谱,因而它所使用的光源必须是锐线光源

（如空心阴极灯、无极放电灯等），测量时必须将样品原子化，转化成基态原子。这是两种方法的根本区别。其次，上述的区别导致分析仪器、分析方法和特点有许多不同。原子吸收光谱法和紫外－可见吸收光谱法仪器比较如图 3.1 所示，原子吸收光谱法将分光系统放在吸收系统的后面，而紫外－可见吸收光谱法则将其放在吸收系统前面。

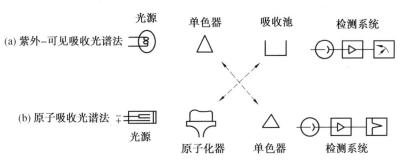

图 3.1　原子吸收光谱法和紫外－可见吸收光谱法仪器比较

3.1.3　原子吸收光谱法的特点

1. 优点

（1）检出限低，火焰原子化法的检出限可达 ng/mL 级，石墨炉原子化法更低，可达 $10^{-13} \sim 10^{-10}$ g；准确度比较高，火焰原子化法的相对误差通常在 1% 以内，石墨炉原子化法误差为 3%～5%。

（2）选择性比较好，谱线较简单，谱线数目比原子发射光谱法少得多，谱线干扰少，大多数情况下共存元素对被测定元素不产生干扰，有的干扰可以通过加入掩蔽剂或改变原子化条件加以消除。

（3）火焰原子化法的精密度、重现性也比较好，由于温度较低，绝大多数原子处于基态，温度变化时，基态原子数目的变化相对少，而激发态变化大，所以吸收强度受原子化器温度变化的影响小。

（4）分析速度快，仪器比较简单，操作方便，应用比较广。一般实验室均可配备原子吸收光谱仪器，能够测定的元素多达 70 种，不仅可以测定金属元素，也可以用间接法测定某些非金属元素和有机化合物，原子吸收测定的元素如图 3.2 所示（该图为较早期的统计资料，现在的应用范围有所扩大）。

2. 缺点

（1）除了一些现代、先进的仪器可以进行多元素的测定外，目前大多数仪器都不能同时进行多元素的测定。因为每测定一个元素都需要与之对应的一个空心阴极灯（也称元素灯），一次只能测一个元素。

（2）由于原子化温度比较低，对于一些易形成稳定化合物的元素，如 W、Nb、Ta、Zr、Hf、稀土元素等以及非金属元素，原子化效率低，检出能力差，受化学干扰较严重，所以结果不能令人满意。

（3）非火焰的石墨炉原子化器虽然原子化效率高，检出限低，但是重现性和准确性较差。

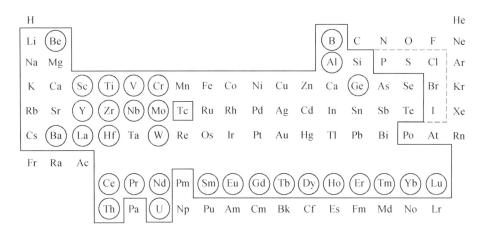

图 3.2 原子吸收测定的元素

①实线框表示可直接测定的元素;②圆圈内的元素需要高温火焰原子化;③虚线内为间接测定的元素

3.2 原子吸收光谱法的基本原理

3.2.1 吸收定律及适应性

以一束光通过火焰原子化器为例,来说明原子吸收测量的原理及各术语之间的关系。原子吸收测量原理示意图如图 3.3 所示,当一束频率为 ν、强度为 I_0 的单色光照射原子化器时,若原子化器中没有被测原子并忽略背景吸收,则入射光经过火焰后,强度保持不变;若原子化器中有被测原子,且呈均匀分布,则入射光被吸收后透过原子化器的光的强度为 I_ν。若原子蒸气为 l,I_0 与 I_ν 之间的关系遵循吸收定律,即

$$I_\nu = I_0 \exp\left(-K_\nu l\right) \tag{3.1}$$

式中,K_ν 为基态原子对频率为 ν 的光的吸收系数。

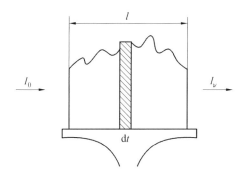

图 3.3 原子吸收测量原理示意图

必须明确的是,要想使物质(包括分子或原子)对光的吸收符合吸收定律,入射光必须是单色光。对于分子的紫外—可见光吸收的测量,入射光是由单色器色散的光束中用狭缝截取一段波长宽度为 0~2 nm(不可为 2 nm)的光,这样宽度的光对于宽度为几十纳米

甚至上百纳米的分子带状光谱来说,是近乎单色,它们对吸收的测量几乎没有影响,当然入射光的单色性更差时,就会引起吸收定律的偏离。而对于原子吸收光谱是宽度很窄的线状光谱来说,如果还是采用类似分子吸收的方法测量,入射光的波长宽度将比吸收光的宽度大得多,原子吸收的光能量只占入射光总能量的极小部分。这样所引起的测量误差对分析结果影响就很大。非单色光对吸收量的影响如图 3.4 所示。

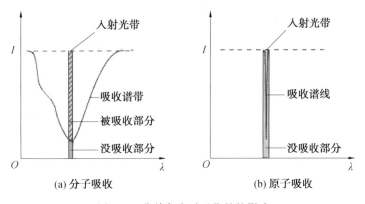

图 3.4　非单色光对吸收量的影响

可见,不能用测量分子吸收的方法来测量原子吸收。因此,必须建立原子吸收的测量理论和测量技术。

3.2.2　原子吸收光谱法的分析过程

火焰原子吸收的过程及原子吸收光谱法原理图如图 3.5 所示。首先把分析试样经适当的化学处理后变为试液,试液喷成细雾,与燃气在雾化器中混合送至燃烧器,被测元素在火焰中转化为原子蒸气。气态的基态原子吸收从光源(空心阴极灯)发射出的与被测元素吸收波长相同的特征谱线,使该谱线的强度减弱,再经单色器分光后,由光电倍增管接收,并经放大器放大,从读出装置中显示出吸光度值或光谱图。

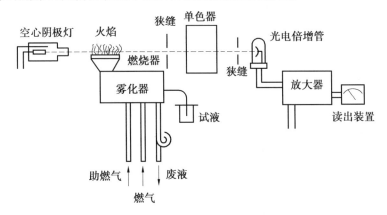

图 3.5　原子吸收光谱法原理图

3.2.3　原子吸收光谱的产生

元素原子的核外电子层具有各种不同的电子能级,在一般情况下,最外层的电子处于最低的能级状况,整个原子也处于最低能级状态 —— 基态。基态原子的外层电子得到能量以后,就会发生电子从低能态向高能态的跃迁。这个跃迁所需的能量为原子中的电子能级差 ΔE_e。当有一能量为 ΔE_e 的特定波长的光辐射通过含有基态原子的蒸气时,基态原子就吸收该辐射的能量而跃迁到激发态,而且是跃迁至第一激发态,所以基态原子所吸收的辐射是原子的共振辐射线。即

$$A^\circ + h\nu \longrightarrow A^*$$

式中,A°、A^* 分别表示基态和激发态原子,则有

$$\Delta E_e = E_{A^*} - E_{A^\circ} = h\nu \tag{3.2}$$

由于原子光谱的产生是原子外层电子(光电子)能级的跃迁,所以其光谱为线状光谱,光谱位于紫外光区和可见光区,其跃迁可用光谱项符号表示。如 Na 基态原子吸收了589.0 nm 及 589.6 nm 的共振线以后发生如下跃迁:

$$3^2S_{1/2} \longrightarrow 3^2P_{3/2}、3^2P_{1/2}$$

在通常原子吸收的测量条件下,原子蒸气中基态原子数近似等于总原子数。这可以从热力学原理得出。在一定温度下的热力学平衡体系中,基态与激发态的原子数比遵循玻耳兹曼分布定律,即

$$\frac{N_i}{N_0} = \frac{g_i}{g_0}\exp\left(-\frac{E_i}{KT}\right) \tag{3.3}$$

式中,N_i 和 N_0 分别为激发态和基态的原子数(密度);g_i 和 g_0 分别为激发态和基态原子能级的统计权重,表示能级的简并度;E_i 为激发能;K 为玻耳兹曼常数,其值为 1.38×10^{-23} J/K;T 为热力学温度。

通过式(3.3)可以计算在一定温度下的 $\dfrac{N_i}{N_0}$ 值。在原子吸收的原子化器中,温度一般为 2 500 ~ 3 000 K,则 $\dfrac{N_i}{N_0}$ 为 10^{-15} ~ 10^{-3}。表 3.1 列出了几种元素共振线的 N_i/N_0 的值。

表 3.1　某些元素共振线的 N_i/N_0 的值

$\lambda_{\text{共振线}}$ /nm	g_i/g_0	激发能 /eV	N_i/N_0	
			$T = 2\ 000$ K	$T = 3\ 000$ K
Cs 852.1	2	1.450	4.44×10^{-4}	7.24×10^{-3}
Na 589.0	2	2.104	9.86×10^{-6}	5.83×10^{-4}
Sr 460.7	3	2.690	4.99×10^{-7}	9.07×10^{-9}
Ca 422.7	3	2.932	1.22×10^{-7}	3.55×10^{-5}
Fe 372.0	—	3.332	2.99×10^{-9}	1.31×10^{-6}
Ag 328.1	2	3.778	6.03×10^{-10}	8.99×10^{-7}
Cu 324.8	2	3.817	4.82×10^{-10}	6.65×10^{-7}
Mg 285.2	3	4.346	3.35×10^{-11}	1.50×10^{-7}
Pb 283.3	3	4.375	2.83×10^{-11}	1.34×10^{-7}
Zn 213.9	3	5.795	7.45×10^{-15}	5.50×10^{-10}

从式(3.3)及表3.1都可以看出,温度越高,$\dfrac{N_i}{N_0}$值越大,且按指数关系变大;激发能(电子跃迁能级差)越小,吸收波长越长,$\dfrac{N_i}{N_0}$也越大。而尽管有如此变化,但是在原子吸收光谱法中,原子化温度一般小于 3 000 K,大多数元素的最强共振线波长都低于 600 nm,$\dfrac{N_i}{N_0}$ 值绝大多数在 10^{-3} 以下,激发态的原子数不足基态原子数的千分之一,激发态的原子数在总原子数中可以忽略不计,即基态原子数近似等于总原子数。

3.2.4 基态原子数与火焰温度的关系

原子吸收光谱的分析中,待测元素的基态原子数与火焰温度的关系遵循玻耳兹曼分布定律,即

$$\frac{N_i}{N_0} = \frac{g_i}{g_0}\exp\left(-\frac{E_i}{KT}\right) \tag{3.4}$$

对于一定谱线来说,若知道火焰绝对温度 T,即可求出 $\dfrac{N_i}{N_0}$ 的值。

表3.2列出了不同激发温度下,按玻耳兹曼分布定律计算的 $\dfrac{N_i}{N_0}$ 值。从表3.2的数据可以看出,共振激发态的原子数与基态原子数的比值虽然很小,但是在高温下,火焰温度对基态原子也会产生一定的影响。因为随温度的升高,基态原子数目会相对减少,特别当温度升高到足以引起元素的原子电离时,将严重影响测定结果。因此,在实际工作中,火焰温度一般不越过 3 000 K,保持在稍高于雾粒分解的温度为宜。一般在原子化温度不高的情况下,可以用基态原子数代替总原子数,其产生的误差可以忽略。

表 3.2　温度对各种元素共振线的 N_i/N_0 的影响

元素	共振线波长 /nm	激发能 /eV	N_i/N_0		
			$T = 2\,000$ K	$T = 2\,500$ K	$T = 3\,000$ K
Cs	852.10	1.460	4.44×10^{-4}	—	7.24×10^{-3}
Na	589.00	2.106	0.99×10^{-6}	1.14×10^{-4}	5.83×10^{-4}
Ba	553.56	2.239	6.83×10^{-6}	3.19×10^{-5}	5.19×10^{-4}
Sr	460.73	2.690	4.99×10^{-7}	1.13×10^{-5}	9.07×10^{-5}
Ca	422.67	2.932	1.22×10^{-7}	3.67×10^{-5}	3.55×10^{-5}
V	437.92	3.131	6.87×10^{-9}	2.50×10^{-7}	2.73×10^{-6}
Fe	371.99	3.332	2.29×10^{-9}	1.04×10^{-7}	1.31×10^{-6}
Co	352.69	3.514	6.03×10^{-10}	3.41×10^{-5}	5.09×10^{-7}
Ag	328.07	3.778	6.03×10^{-10}	4.84×10^{-8}	8.99×10^{-7}
Cu	324.75	3.817	4.82×10^{-10}	4.04×10^{-8}	6.65×10^{-7}
Mg	285.21	4.346	3.35×10^{-11}	5.20×10^{-9}	1.50×10^{-7}
Pb	283.31	4.375	2.83×10^{-11}	4.55×10^{-9}	1.34×10^{-7}
Au	267.59	4.632	2.12×10^{-12}	4.60×10^{-10}	1.65×10^{-8}
Zn	213.86	5.792	7.45×10^{-16}	6.22×10^{-12}	5.50×10^{-10}

3.2.5 原子吸收谱线轮廓及其变宽因素

1. 谱线的轮廓

原子吸收所产生的是线光谱,其光谱线并不是严格的几何意义上的线(几何线无宽度),而是有相当窄的频率或波长范围,即谱线有一定的宽度,表明透射光的强度随入射光的频率而变化,如图 3.6 所示的 I_ν 与 ν 曲线。

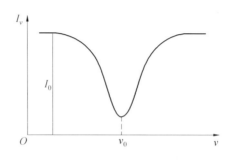

图 3.6 I_ν 与 ν 曲线

在 ν_0 处,透射光强度最小,即吸收最大。因此,在 ν_0 频率处为基态原子的最大吸收。若将吸收系数 K_ν 对频率 ν 作图,所得吸收谱线轮廓如图 3.7 所示(注意:图 3.6、图 3.7 的横坐标比例都放大以便于说明,实际宽度是很窄的)。

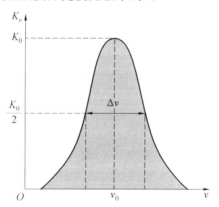

图 3.7 吸收谱线轮廓

该曲线的形状称为吸收线的轮廓。原子吸收线的轮廓用谱线的中心频率(或中心波长)和半宽度两个物理量来表征。在频率 ν_0 处,K_ν 有极大值 K_0,K_0 称为峰值吸收系数或中心吸收系数。ν_0 称为中心频率,中心频率是由原子能级所决定。当吸收系数 K_ν 等于峰值吸收系数 K_0 的一半(即 $K_\nu = K_0/2$ 时),所对应的吸收轮廓上两点间的距离称为吸收峰的半宽度,用 $\Delta\nu$(或 $\Delta\lambda$)表示。ν_0 表明吸收线的位置,$\Delta\nu$ 表明了吸收线的宽度,因此,ν_0 及 $\Delta\nu$ 可表征吸收线的总体轮廓。原子吸收线的 $\Delta\nu$ 约为 $0.001 \sim 0.005\,\text{nm}$,比分子吸收带的半宽度(约 $50\,\text{nm}$)要小得多。

2. 谱线变宽的因素

影响谱线宽度的因素有原子本身的内在因素及外界条件因素两个方面,具体内容如下。

(1) 自然宽度。

在没有外界条件影响的情况下,谱线仍有一定的宽度,这种宽度称为自然宽度,用 $\Delta\nu_N$(或 $\Delta\lambda_N$)表示。自然宽度与激发态原子的平均寿命有关,平均寿命越长,谱线宽度越窄。不同元素的不同谱线的自然宽度不同,多数情况下约为 10^{-5} nm 数量级。$\Delta\nu_N$ 很小,相较于其他的变宽因素,这个宽度可以忽略。从统计观点看,激发态原子的平均寿命 τ 与激发态跃迁到低能态的跃迁概率 A_{ji} 成反比,即

$$\tau = \frac{1}{A_{ji}}$$

而自然宽度 $\Delta\nu_N$ 为

$$\Delta\nu_N = \frac{1}{2\pi\tau} = \frac{A_{ji}}{2\pi}$$

量子力学测不准原理指出:由于有一个平均寿命,处于激发态的原子,就产生一个测不准能量 δE,所以在原来的电子能级上就附加一个 δE,因此所对应的吸收频率上也附加了一个 $\Delta\nu$,这就是自然宽度 $\Delta\nu_N$。

(2) 同位素变宽。

银、镁等原子含有质量不同的几种同位素,各种同位素原子吸收的波长十分接近,但又有一定的差别,结果导致一种元素的谱线产生一定的变宽,而不是无限窄频率的几何线,这种宽度称为同位素宽度。如铀的谱线 424.437 nm,用高分辨的摄谱仪可以观察到它是由二条谱线组成;一条属于 U^{235} 在 424.412 6 nm,另一条属于 U^{238} 在 424.437 2 nm。又如汞同位素 ^{198}Hg、^{200}Hg、^{202}Hg、^{204}Hg 的波长都稍有不同,又不能把这些同位素的谱线彼此分开,结果观察到谱线是扩展了的组合谱线,如图 3.8 所示。

(3) 多普勒变宽。

多普勒变宽(Doppler broadening)同原子的无规则热运动有关,所以又称为热变宽。从物理学的多普勒效应可知,一个运动着的原子所发射出的光,若运动方向朝向观察者(检测器),则观测到光的频率较静止原子所发出光的频率高(波长短);反之,若运动方向背向观察者,则观测到光的频率较静止原子所发出光的频率低(波长长)。由于原子的热

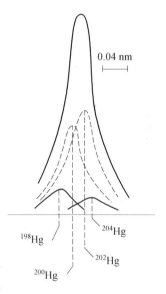

图 3.8 汞元素同位素变宽

运动是无规则的,但在朝向、背向检测器的方向上总有一定的分量,所以检测器接收到光的频率(波长)总会有一定的范围,即谱线产生变宽。这就是热变宽,或称多普勒变宽,用 $\Delta\nu_D$(或 $\Delta\lambda_D$)表示,$\Delta\nu_D$(或 $\Delta\lambda_D$)的表达式为

$$\Delta\nu_D = \frac{2\nu_0}{c}\sqrt{\frac{2(\ln 2)RT}{A_r}} = 7.16 \times 10^{-7}\nu_0\sqrt{\frac{T}{A_r}}$$

或

$$\Delta\lambda_D = 7.16 \times 10^{-7}\lambda_0 \sqrt{\frac{T}{A_r}}$$

式中，ν_0、λ_0 分别为谱线的中心频率、中心波长；c 为光速；R 为摩尔气体常数；T 为热力学温度；A_r 为相对原子量。可见 $\Delta\nu_D$ 或 $\Delta\lambda_D$ 随温度的升高及相对原子质量的减小而变大。对于大多数元素来说，多普勒变宽约为 10^{-3} nm 数量级。

多普勒变宽的频率分布与气态中原子的热运动分布是相同的，具有近似的高斯分布，所以多普勒变宽时，中心频率 ν_0 不变，只是两侧对称变宽，但 K_0 值变小，对吸收系数的积分值无影响。

（4）洛伦兹变宽。

洛伦兹变宽（Lorentz broadening）是由与待测元素不同类的气体与待测原子之间的相互碰撞作用所引起的，是一种压力变宽。压力变宽是微粒间相互碰撞的结果，因此也称碰撞变宽。吸光原子与蒸气中的其他原子或粒子相互碰撞会引起能级的微小变化，而且也使激发态原子的平均寿命发生变化，导致吸收线变宽，这种变宽与吸收区气体的压力有关，压力变大时，碰撞的概率增大，谱线变宽也变大。洛伦兹变宽对吸收线的形状、宽度和位置具有较大的影响。实践证明，洛伦兹变宽用 $\Delta\nu_L$ 表示，可表达为

$$\Delta\nu_L = 2N_A\sigma^2 p \sqrt{\frac{2}{\pi RT}\left(\frac{1}{A} + \frac{1}{M}\right)} \tag{3.5}$$

式中，N_A 为阿伏伽德罗常数；σ 为碰撞面积；p 为压力；R 为气体常数；T 为热力学温度；A、M 分别为被测元素和外来粒子的相对原子量。

（5）赫尔兹马克变宽。

赫尔兹马克变宽（Holtsmark broadening）也是一种压力变宽，其与洛伦兹变宽的不同之处在于它们的碰撞粒子不同，这种变宽是指和同种原子碰撞所引起的变宽，也称为共振变宽。只有当被测元素的浓度较高时，同种原子的碰撞才表露出来。因此，在原子吸收法中，共振变宽一般可以忽略。

压力变宽主要是洛伦兹变宽。压力变宽与热变宽具有相同的数量级，可达 10^{-3} nm，且数值上也很靠近。应该注意的是，压力变宽使中心频率发生位移，且谱线轮廓不对称，这样就导致光源（空心阴极灯）发射的发射线和基态原子的吸收线产生错位，从而影响了原子吸收光谱法的灵敏度。

（6）自吸变宽。

由自吸现象而引起的谱线变宽称为自吸变宽。即光源（空心阴极灯）发射的共振线被灯内同种基态原子所吸收，从而导致与发射光谱线类似的自吸现象，使谱线的半宽度变大。灯电流越大，产生热量越大，有的阴极元素易受热挥发，则阴极被溅射出的原子越多，有的原子没被激发，所以阴极周围的基态原子也越多，自吸变宽就越严重。

（7）场致变宽。

场致变宽主要是指在磁场或电场作用下，谱线变宽的现象。若将光源置于磁场中，则原来表现为一条的谱线，会分裂为两条或两条以上的谱线，即 $2J+1$ 条，J 为光谱项符号中的内量子数，这种现象称为塞曼效应。当磁场影响不很大，分裂线的频率差较小，仪器的分辨率有限时，表现为宽的一条谱线；光源在电场中也能产生谱线的分裂，当电场十分

强时,也表现为谱线的变宽,这种变宽称为斯塔克(Stark)变宽。

在影响谱线变宽的因素中,热变宽和压力变宽(主要是洛伦兹变宽)是主要的,其数量级都是 10^{-3} nm,构成原子吸收谱线的宽度。

3.2.6 原子吸收的测量

如上面所述,原子吸收谱线具有一定的宽度,但是仅有 10^{-3} nm 的数量级,假若用一般方法(如分子吸收法)得到入射光源,相对于原子吸收轮廓不能看作是单色的,在这种条件下,吸收定律就不能适用了。因此就需要寻求一种新的理论和新的技术来解决原子吸收的测量问题。

1. 积分吸收

在吸收轮廓的频率范围内,吸收系数 K_ν 对于频率的积分,称为积分吸收系数,简称为积分吸收,它表示吸收的全部能量,积分吸收曲线如图 3.9 所示。

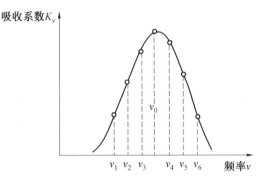

图 3.9　积分吸收曲线

从理论上可以得出,积分吸收与原子蒸气中吸收辐射的基态原子数成正比。经严格的数学推导,可表达为

$$\int K_\nu \mathrm{d}\nu = \frac{\pi e^2}{mc} N_0 f \tag{3.6}$$

式中,e 为电子的电荷;m 为电子的质量;c 为光速;N_0 为单位体积内基态原子数;f 为振子强度,即为能被入射辐射激发的每个原子的平均电子数,它正比于原子对特定波长辐射的吸收概率。表 3.3 列出了某些元素的振子强度。

在一定条件下,$\frac{\pi e^2}{mc} f$ 为常数,用 K 表示,则式(3.6)可写为

$$\int K_\nu \mathrm{d}\nu = KN_0 \tag{3.7}$$

该式为原子吸收光谱法的重要理论依据。在原子化器的平衡体系中,N_0 正比于试液中被测物质的浓度。因此,若能测定积分吸收,则可以求出被测物质的浓度。但是,在实际工作中,要测量出半宽度仅为 10^{-3} nm 数量级的原子吸收线的积分吸收,需要分辨率极高的色散仪器(如对于波长为 500 nm 的谱线,分辨率 $R = \dfrac{500}{10^{-3}} = 5 \times 10^5$),这是难以实现的。这也是原子吸收现象在被发现以后的 100 多年间,一直未能在分析上得到实际应用的原因。

表 3.3　某些元素的振子强度

共振线 /Å	其他方法求得的值	原子吸收法测得的值	共振线 /Å	其他方法求得的值	原子吸收法测得的值
Hg 1 849	1.19	—	Ni 3 415	0.020	0.04
Zn 2 138	—	1.90	Fe 3 720	0.013	0.01
Cd 2 288	1.20	2.80	Ca 4 227	2.280	—
Be 2 349	1.82	—	Cr 4 254	0.080	0.01
Au 2 428	—	0.80	Ba 5 535	2.100	—
Tl 2 769	0.20	—	Na 5 890	0.700	1.00
Mg 2 852	1.74	1.80	Li 5 890	0.500	—
Cu 3 247	0.62	0.62	K 7 665	0.640	0.50
Ag 3 280	—	1.30	Cs 8 521	0.660	—

注:1 Å = 0.1 nm。

2. 峰值吸收

吸收线轮廓中心波长处的吸收系数 K_0,称为峰值吸收系数,简称为峰值吸收。1955 年瓦尔西(A. Walsh)提出,在温度不太高的稳定火焰条件下,峰值吸收 K_0 与火焰中被测元素的原子浓度 N_0 成正比。在通常原子吸收的测量条件下,原子吸收线的轮廓主要取决于热变宽(即多普勒变宽)$\Delta\nu_D$,这时吸收系数 K_ν 可表示为

$$K_\nu = K_0 \exp\left\{-\left[\frac{2(\nu-\nu_0)\sqrt{\ln 2}}{\Delta\nu_D}\right]^{-2}\right\} \tag{3.8}$$

上式对频率 ν 积分,得

$$\int_0^\infty K_\nu \mathrm{d}\nu = \frac{1}{2}\sqrt{\frac{\pi}{\ln 2}} K_0 \Delta\nu_D$$

代入上节的积分吸收式,得

$$\frac{\pi e^2}{mc} N_0 f = \frac{1}{2}\sqrt{\frac{\pi}{\ln 2}} K_0 \Delta\nu_D$$

整理后得

$$K_0 = \frac{2}{\Delta\nu_D}\sqrt{\frac{\ln 2}{\pi}} \frac{\pi e^2}{mc} N_0 f \tag{3.9}$$

因此可以看出,峰值吸收系数 K_0 与原子浓度成正比。只要能测出 K_0,就可以得到 N_0。

3. 实际测量

在吸光分析法中,测量吸收强度的物理量是吸光度或透射率。一强度为 I_0 的某一波长的辐射通过均匀的原子蒸气层时,若原子蒸气层的厚度为 l,则根据吸收定律,其透射光的强度 I 为

$$I = I_0 \exp(-K_0 l)$$

若在峰值吸收处的透射光强度为 $I_{\nu 0}$,峰值吸收处的吸光度为 $A_{\nu 0}$(也称为峰值吸光度),则

$$I_{\nu 0} = I_0 \exp(-K_0 l)$$

$$A_{\nu 0} = \lg \frac{I_0}{I_{\nu 0}} = \lg[\exp(K_0 l)] = 0.434 K_0 l$$

将式(3.9)代入上式,得

$$A_{\nu 0} = 0.434 \frac{2}{\Delta\nu_D} \sqrt{\frac{\ln 2}{\pi}} \frac{\pi e^2}{mc} N_0 fl \tag{3.10}$$

在原子吸收测量条件下,如前所述,原子蒸气中基态原子的浓度 N_0 基本上等于蒸气中原子的总浓度 N,而且在实验条件一定时,被测元素的浓度 c 与原子化器的原子蒸气中原子总浓度保持一定的比例关系,即

$$N = \alpha c$$

式中,α 为比例常数,所以

$$A_{\nu 0} = 0.434 \frac{2}{\Delta\nu_D} \sqrt{\frac{\ln 2}{\pi}} \frac{\pi e^2}{mc} flac \tag{3.11}$$

但实验条件一定时,各有关参数均为常数,所以峰值吸光度 $A_{\nu D}$ 为

$$A_{\nu D} = Kc \tag{3.12}$$

式中,K 为常数。

$A_{\nu D}$ 简化为 A,即 $A = Kc$,该式为原子吸收测量的基本关系式。

至此,可以看出,原子吸收光谱法必须采用峰值吸光度的测量才能实现其定量分析,通过用锐线光源来测量峰值吸光度。所谓锐线光源是发射线半宽度远小于吸收线半宽度的光源。发射线与吸收线的中心频率一致,在发射线中心 ν_0 的很窄的频率范围 $\Delta\nu$ 内,K_ν 随频率的变化很小,可以近似地视为常数,并且等于中心频率处的吸收系数 K_0,峰值吸收测量示意图如图 3.10 所示。

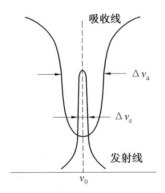

图 3.10 峰值吸收测量示意图

只要所讨论的体系是一个温度不太高的局部热平衡体系,吸收介质均匀且光学厚度不太大,入射光是严格的单色辐射(即 $\Delta\nu_e \ll \Delta\nu_a$)且入射光与吸收线的中心频率一致(即 $\nu_{0入} = \nu_{0吸}$),则峰值吸光度 A 与被测元素的浓度 c 有严密、确定的函数关系。

3.3　原子吸收光谱法的仪器

3.3.1　原子吸收分光光度计的类型

1. 单道单光束型原子吸收分光光度计

图 3.11 所示为单道单光束型原子吸收分光光度计示意图。这种仪器结构简单,但它会因光源不稳定而发生基线漂移。原子化器中被测原子对辐射的吸收与发射同时存在,同时火焰组分也会发射带状光谱。这些来自原子化器的辐射发射干扰检测,发射干扰都是直流信号。为了消除辐射的发射干扰,必须对光源进行调制。可用机械调制,在光源后加一扇形板(切光器),将光源发出的辐射调制成具有一定频率的辐射,就会使检测器接收到交流信号,采用交流放大将发射的直流信号分离掉;还可以对空心阴极灯光源采用脉冲供电,这样不仅可以消除发射的干扰,还可提高光源发射光的强度与稳定性,降低噪声等,因而光源多采用这种供电方式。

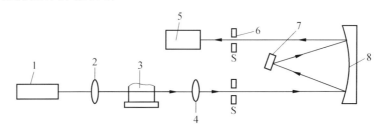

图 3.11　单道单光束型原子吸收分光光度计示意图

1—空心阴极灯;2,4—透镜;3—原子化器;5—检测器;6—狭缝;7—光栅;8—反射镜

2. 单道双光束型原子吸收分光光度计

单道双光束型原子吸收分光光度计示意图如图 3.12 所示,光源发出的经过调制的光被切光器分成两束光:一束测量光,一束参比光(不经过原子化器)。两束光交替地进入单色器,然后进行检测。由于两束光来自同一光源,因此可以通过参比光束的作用,克服光源不稳定造成的基线漂移的影响。

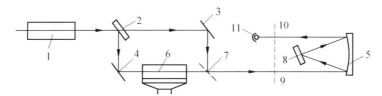

图 3.12　单道双光束型原子吸收分光光度计示意图

1—空心阴极灯;2—旋转反射镜;3,4,5—反射镜;6—原子化器;7—半反射镜;8—光栅;9—入射狭缝;10—出射狭缝;11—检测器

3. 双道双光束型原子吸收分光光度计

双道双光束型仪器的基本结构如图 3.13 所示。

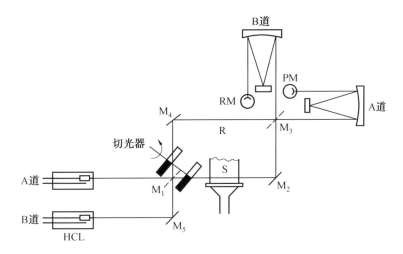

图 3.13　双道双光束型仪器的基本结构

M_1, M_3—半透半反镜；M_2, M_4, M_5—反射镜；R—参比光束；S—样品光束；PM—检测器

　　双道双光束型仪器有两个光源，两套独立的单色器和检测系统。从两个空心阴极灯发出的辐射被切光器分开为各自的测量光束和参比光束，并使二者相相位差180°，测量光束和参比光束分别被反射至合并器处会合，交替进入各自单色器。其检测系统可进行三种工作方式：A 和 B 方式为单道双光束，A−B 方式为背景扣除，A/B 方式为内标运算。多道原子吸收分光光度计可用来做多元素的同时测定。

3.3.2　原子吸收分光光度计的基本组件

　　原子吸收分光光度计依次由光源、原子化器、分光系统（单色器）、检测器四大基本部件组成，如图 3.14 所示。

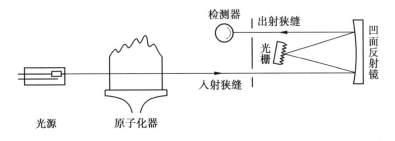

图 3.14　原子吸收分光光度计示意图

1. 光源

　　光源的作用是辐射待测元素的特征光谱，供测量之用。为了测出待测元素特征谱线的峰值吸收，光源辐射出的特征光谱线宽度必须很窄。原子吸收光谱法所用的光源是由一种特殊的光源和相应的供电装置组成的。

　　原子吸收光谱法对光源的主要要求。

　　①辐射出锐线，即发射线的半宽度要比原子化器中待测元素吸收线的半宽度窄得多，共振线锐而清晰，背景小。原子吸收的共振吸收线的宽度一般为 $10^{-3} \sim 10^{-2}$。

②辐射的谱线强度要足够大。这就要求光源的辐射能集中于共振线的发射。

③要求背景尽量小。背景与发射强度是相矛盾的,增大强度,背景随之增加。要求发射强度(信号)增加比背景(噪音)增加快,一般信噪比要大于 100 倍。

④光源发射要稳定。发射强度的波动不大于 0.5%,否则影响测定精密度。光源强度稳定性与供电系统的稳定性有关,所以在仪器上要加一个电流稳压器。

⑤光谱纯度要高。要求既要发射待测元素的共振线,又没有阴极杂质、阳极材料和充入气体所发射的谱线干扰,特别是在分析线周围,不能有其他谱线靠近或重叠。

⑥要求灯使用寿命长,工作电压低。某些仪器灯电流频率为 $285\sim400$ Hz 或者更高些。由于每秒钟开关数再次,故需较低的起辉电压。使用寿命一般为 $500\sim1\ 000$ h。

目前,空心阴极灯(HCL)是原子吸收光谱分析中最常用的锐线光源,其他光源还有无极放电灯(EDL)、蒸气放电灯、高频放电灯以及激光光源灯等。

(1)空心阴极灯。

①组成。空心阴极灯是一种气体放电管,其结构如图 3.15 所示。灯管由硬质玻璃制成,灯的窗口要根据辐射波长的不同,选用不同的材料,可见光区(370 nm 以上)用光学玻璃片,紫外光区(370 nm 以下)用石英玻璃片。空心阴极灯中装有一个内径为几毫米的金属圆筒状空心阴极和一个阳极。阴极下部用钨—镍合金支撑,圆筒内壁衬上或熔入被测元素。阳极也用钨棒支撑,上部用钛丝或钽片等吸气性能的金属做成。灯内充有低压(通常为 $200\sim400$ Pa)惰性气体(氖气或氩气),称为载气。

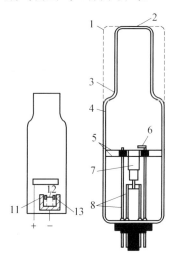

图 3.15　空心阴极灯的结构示意图

1—紫外玻璃光窗;2—石英窗口;3—密封;4—玻璃套;5—云母片;6—阳极;7—阴极;8—支架;9—管座;10—连接管脚;11,13—阴极位降区;12—负辉光区

②工作原理。当空心阴极灯的两极间施加几百伏($300\sim430$ V)直流电压或脉冲电压时,就发生辉光放电,阴极发射电子,电子在电场的作用下,高速向阳极运动,途中与载

气分子碰撞并使之电离,放出二次电子及载气正离子,电子和载气正离子的数目因相互碰撞增加,得以维持电流。载气正离子在电场中被大大加速,获得足够的动能,撞击阴极表面时就可以将被测元素的原子从晶格中轰击出来,在阴极杯内产生了被测元素原子的蒸气云。这种正离子从阴极表面轰击出原子的现象称为溅射。除溅射之外,阴极受热也会导致其表面被测元素的热蒸发。溅射和热蒸发出来的原子大量聚集在空心阴极灯内,再与受到加热的电子、离子或原子碰撞而被激发,发射相应元素的特征共振线。

从空心阴极灯的工作原理可以看出,其结构中有两个关键的部分:一是阴极圆筒内层的材料,只有衬上被测元素的金属,才能发射出该元素的特征共振线,所以空心阴极灯也称为元素灯;二是灯内充有低压惰性气体,其一方面可以保证原子被电离为正离子,以引起阴极的溅射,另一方面起到传递能量的作用,使被溅射出的原子激发,才能发射该元素的特征共振线。

③空心阴极灯的特点。

空心阴极灯的特点有:强度大,元素在灯内可以重复多次地溅射、激发,激发效率高;半宽度小,空心阴极灯的灯工作电流小(2~5 mA),温度低,所以多普勒变宽小,而且灯内压力小,原子密度小,所以洛伦兹变宽小;稳定性取决于外电源的稳定性,当供电稳定时,灯的稳定性好。开始通电时,灯内电阻会发生变化,发射线的强度也会变化,所以灯工作时需先预热,待稳定后才能使用。

④空心阴极灯的分类。

a.单元素空心阴极灯。这是原子吸收中使用最普遍的锐线光源。阴极用待测元素的纯净材料制成。一般来说,单元素灯比多元素灯具有更强的光输出,并且寿命也较长,所以,在样品含量接近检出限的情况下测定时,必须采用单元素灯。

b.多元素空心阴极灯。这种灯有两种制法:一种是由几种独立的阴极组成;另一种是由合金、金属间化合物或者烧结在一起的金属粉末制成。用合金作为阴极的效果好,如用纯金属环作阴极,则灯稳定性较好;若采用多种低熔点元素作阴极,必须使其谱线相互隔开,以使分析线不受其他谱线干扰,且吸收线和干扰线之间至少相距 0.2 nm。如 Ca—Mg—Al 多元素灯性能较好,而 Cu—Cr—Co—Ni—Fe—Mn 多元素灯的光谱复杂,难以从中分辨出所需共振线。一个多元素灯可用来进行多元素的测定,省去换灯的麻烦,减少预热时间,同时连续测定多种元素;但多元素灯谱线强度比单元素灯要低,检出限较差且使用寿命短,所以应用较少。

c.高强度空心阴极灯。在普通空心阴极灯中,从阴极溅射出来的金属原子只有一部分被激发,所以灯的发射强度受到限制。在普通空心阴极灯中增加一个辅助电极,工作时辅助电极通几百毫安的低压直流电,使产生电离的气体与从空心阴极溅射出来的金属原子相碰撞,进而将金属原子激发。采用这种方式可将待测元素共振线的强度提高 30~100 倍,而该金属在高能级产生的其他谱线强度增加不大。如普通镍空心阴极灯的 232 nm 线不可能和 231.98 nm 线分开;增加辅助电极后高强度空心阴极灯 232 nm 线的强度大大增加,而 231.98 nm 线就变得几乎可以忽略。因此,高强度空心阴极灯对测定光谱复杂的 Fe、Co、M、Nn、Ti 等元素十分有利。

（2）无极放电灯。

有些元素，如 As、Se、Cd、Sn 等的分析，一般采用无极放电灯，这是因为空心阴极灯发射的能量相对太低。无极放电灯由一个密封的石英管构成，内含待测元素或盐，抽真空并充入几百帕氩气后封闭，将其放入微波谐振腔中，微波可使灯内的充入气体放电，气体放电可使灯内金属或其盐解离出自由原子，并发射出待测元素的特征光。在无极放电灯中，经常首先观察到的是充入气体的发射光谱，然后随着金属或其盐的气体化和原子化，再过渡到待测元素光谱。无极放电灯产生的发射往往比空心阴极灯产生的发射强。

2. 原子化器

在原子吸收光谱法中，必须将被测元素的原子转化为原子蒸气，原子化器的作用就是利用高温使各种形式的待测物转化成基态自由原子蒸气。入射光在原子化器里被基态原子吸收，所以也可以将原子化器看作是"吸收池"。常用的原子化器有火焰原子化器和非火焰原子化器。火焰原子化器利用火焰热能使试样转化为气态原子，非火焰原子化器利用电加热或化学还原等方式使试样转化为气态原子。不同类型的原子化器都有其各自的优缺点，应根据不同的样品、不同的被测元素及其含量、不同的分析要求来选择合适的原子化器。

（1）火焰原子化器。

①结构。火焰原子化器是由化学火焰热能提供能量，使被测元素原子化。火焰可按燃料气体的混合方式分为预混合型火焰和非预混合型（直接注入式）火焰两种。前者燃料气和助燃气在未进入燃烧器前已得到充分混合，后者是燃烧气和助燃气分开引入火焰，在刚进入火焰前的瞬间进行混合。由于非预混合型火焰噪声大、火焰不稳定，因此火焰原子吸收光谱仪均采用预混合型原子化器，该系统主要是由雾化器、雾化室和燃烧器三部分组成。火焰原子化器如图 3.16 所示。

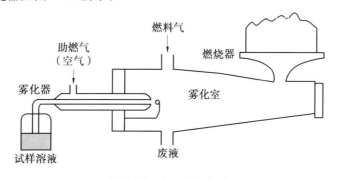

图 3.16　火焰原子化器

a. 雾化器。雾化器的作用是将试样溶液雾化，供给细小的雾滴。目前较多采用如图 3.16 所示的同心型气动雾化器，喷出微米级直径雾粒的气溶胶。它是火焰原子化器的核心部件，雾化的雾滴直径越小，在火焰中生成的基态原子就越多，即原子化效率就越高。雾滴粒度与多种因素有关，其直径由液体表面张力、气体和液体的流速和黏度决定，雾滴直径随表面张力、溶液流量和黏度的增大而增大。因此在实际工作中要控制气体的压力（一般为 200 kPa）和流量稳定性。对于溶液来说，希望张力小些，同时又要保持标准溶液与试样溶液基本稳定，雾滴小、蒸发效率高，在火焰中就有可能产生更多的基态原子，从而提高分析灵敏度。为此要求雾化器的雾化效率高、雾滴细、喷雾稳定等。雾化效率是指通过毛细管抽吸的样品溶液中,被雾化并进入火焰中发生原子化反应的试样溶液的多少。火焰原子化器的雾化效率较低,只有 $10\%\sim15\%$,这是影响火焰原子化、灵敏度提高与检出限降低的主要因素。

b.雾化室。雾化室的作用是使气溶胶的雾粒更为细微、均匀,并与燃气、助燃气混合均匀后进入燃烧器。雾化室中装有撞击球,其作用是把雾滴撞碎;还装有扰流器,其作用是阻挡大的雾滴进入燃烧器,使其沿室壁流入废液管排出,还可使气体混合均匀。

雾化室存在记忆效应,记忆效应也称残留效应。它是指将试液喷雾停止,改用蒸馏水喷雾后,仪器读数返回至零点或基线的时间。记忆效应小时,仪器返回零点或基线的时间短,测定的精密度、准确度好。为了降低记忆效应,雾化室内壁的水浸润性要好;本身要稍有倾斜,以利于废液的排出;废液排出管要水封,否则会引起火焰不稳定,甚至发生回火现象。

c.燃烧器。燃烧器的作用是产生火焰,使进入火焰的气溶胶蒸发和原子化。燃烧器一般应满足能使火焰稳定、原子化效率高、吸收光程长、噪声小、背景低的要求。燃烧器应能旋转一定的角度,高度也能上下调节,以便选择合适的火焰部位进行测量。

常用的长狭缝燃烧器,有单缝燃烧器和三缝燃烧器等类型。单缝燃烧器是原子吸收中应用最广泛的一种,单缝燃烧器的规格随所用的助燃气种类不同而异。通常,空气－乙炔火焰、空气－氢火焰的燃烧器的缝长为 $10\sim11$ cm,缝宽为 $0.5\sim0.6$ mm;氧化亚氮－乙炔燃烧器的缝长为 5 cm,缝宽为 0.4 mm,或缝长为 10 cm,缝宽为 0.38 mm。三缝燃烧器是在燃烧器的顶部有 3 条彼此分开的平行缝隙(100 mm$\times0.6$ mm,间隙为 0.5 mm),这样由于增厚了火焰宽度,避免了光源光束没有全部通过火焰引起曲线弯曲的问题。三缝燃烧器中外侧缝隙火焰能起到屏蔽作用,可减少周围空气的干扰、稳定火焰、降低火焰噪声,同时能够提高一些元素的测定灵敏度并减少缝口堵塞和回火现象,但是燃气和试液消耗量较大。

②火焰及其性质。

a.火焰结构。正常燃烧的火焰结构由预热区、第一反应区、中间薄层区(原子化区)和第二反应区(外焰区)组成,如图 3.17 所示。

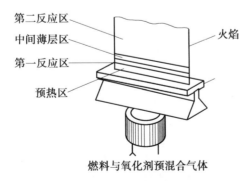

图 3.17 火焰结构示意图

(a)预热区:位于燃烧头到向上不远的一段距离内,这是一条光亮不大的光带,是温度不高的蓝色焰。上升的燃料气体在这里被加热到着火温度（350 ℃）。

（b）第一反应区：本区域是从预热区顶部开始，到向上一段距离内，是一条清晰的蓝包光带，称为"燃烧前沿"或"初步反应区"。它属于火焰内层范围，且呈现蓝色核心。这里燃烧并不充分，温度略低于 2 300 ℃，进行着复杂的化学反应，其主要反应物有 CO、H_2 和 H_2O。本区域不适于进行原子吸收。

（c）中间薄层区：它位于第一反应区和第二反应区之间。按化学计量配比的空气－乙炔焰中，本层很狭窄，因而又称为"薄层区"；在富燃气（即乙炔配比量较大）的乙炔焰中，燃层稍微宽大。本层火焰温度最高，约 2 300 ℃，而且具有还原性气氛。对于能形成一氧化物的待测元素来说，很容易被还原。在本层保持的自由原子浓度最大，这一区域是分析的主要工作区。

（d）第二反应区：位于火焰上半部，并覆盖着火焰外表，因而称为"外层""被覆层"或"翼层"，其温度略低于 2 300 ℃。由于本层处在外界——能充分供应空气的有利地位，所以燃烧反应完全。火焰内部的 CO 和热蒸气容易扩散到本层，并完全反应生成 CO_2 和 H_2O 散播到外界。所以，本层实际上是火焰的扩散层或电离层。

b. 火焰的种类和温度。预混合型燃烧器中的气体流动呈层流状，因此形成的火焰闪动较小、噪声小，称为层流火焰。火焰是由燃料气和助燃气按一定比例混合后燃烧而形成的，它的功能是把待测原子转变为自由的气态基态原子。在火焰中，被测物经历了去溶剂、挥发、解离、激发和电离等复杂的物理化学过程。为了避免激发态原子、离子和分子等不吸收辐射粒子的产生，而尽可能多地产生出能够吸收辐射的气态基态自由原子，必须根据待测元素的性质选择适宜的火焰。原子吸收光谱分析中，一般用乙炔、H_2、丙烷等作燃料气，以空气、N_2O、氧气作为助燃气。火焰的组成决定了火焰的温度及氧化还原特性，直接影响化合物的解离和原子化效率。选择适宜的火焰条件是一项很重要的工作，可根据样品的具体情况，通过实验或查阅有关的文献资料来确定。一般来说，选用火焰的温度以使待测元素恰能分解成基态自由原子为宜。若温度过高，会增加原子电离或激发，而使基态自由原子数减少，导致分析灵敏度降低。下面介绍几种常用的火焰。

（a）空气－乙炔火焰。原子吸收测定中应用最广泛的一种火焰，火焰的温度为 2 100～2 400 ℃。该火焰燃烧速率低，对于大多数的元素有足够高的灵敏度，能用于测定 35 种以上的元素，但它在短波紫外光区有较大吸收，不适宜测定吸收波长小于 230 nm 的元素（如 As、Se、Zn、Pb）。

（b）N_2O－乙炔火焰。1965 年 Willis 提出的一种高温火焰，温度可达 2 600～2 800 ℃，还原性强，适合于测定难熔的元素，用它可测定的元素达 73 种之多。但它极易发生回火爆炸，不能直接点燃，应先点燃空气－乙炔，待火焰建立后，调节乙炔的流量达到富燃性状态，然后迅速将空气转化为 N_2O。熄灭时也应将 N_2O 先换成空气，建立空气－乙炔焰后，降低乙炔流量，再熄灭火焰。此外，N_2O－乙炔火焰具有较强的发射背景，噪声大，必须使用专用燃烧器，不能用空气－乙炔燃烧器代替。

（c）空气－氢气火焰。该类型火焰温度较其他类型火焰的低，为 2 000～2 100 ℃，适用于易电离的金属元素，其紫外光区背景发射低，透光性好，特别适用于碱金属元素及共振线位于远紫外光区的元素，如 As（193.7 nm）、Se（196.0 nm）等元素的测定。点燃空气一氢气火焰时,应让两种气体混合约 30 s 后再点火,因其燃烧速率比较快,所以应注意回火。

火焰的燃烧速度是指由着火点向可燃性混合气其他点传播的速度。燃烧速度直接影响到燃烧的稳定性及火焰操作的安全性。为了得到稳定的火焰,可燃性混合气的供气速度应大于燃烧速度。但供气速度过大时,会使火焰离开燃烧器,变得游移不定,甚至吹灭火焰;反之,若供气速度过小,将会引起回火,操作不安全。火焰温度是指当火焰处于热平衡状态时的温度,火焰温度表征了火焰的真实能量。因为并非整个火焰都处于热平衡状态,因此火焰的不同区域温度是不同的,这是引起原子浓度在空间分布不均匀的原因之一。不同类型的火焰,其温度是不同的。表 3.4 列出了几种常见火焰的燃烧特征。

表 3.4 几种常见火焰的燃烧特征

燃料气	助燃气	最高着火温度 /K	最高燃烧速度 /cm·s^{-1}	最高燃烧温度/K	
				计算值	实验值
乙炔	空气	623	158	2 523	2 430
	氧气	608	1 140	3 341	3 160
	氧化亚氮	—	160	3 150	2 990
氢气	空气	803	310	2 373	2 318
	氧气	723	1 400	3 083	2 933
	氧化亚氮	—	390	2 920	2 880
煤气	空气	560	55	2 113	1 980
	氧气	450	—	3 073	3 013
丙烷	空气	510	82	—	2 198
	氧气	490	—	—	2 850

c. 火焰性质。火焰的氧化还原特性取决于火焰中燃料和助燃气的比例。它直接影响到被测元素化合物的分解和难解离化合物的形成,从而影响原子化效率和自由原子在火焰区中的有效寿命。按照燃料气和助燃气两者的比例,可将火焰分为三类:化学计量火焰、富燃火焰、贫燃火焰。

(a)化学计量火焰。化学计量火焰是指燃料气和助燃气之比等于燃烧反应的化学计量关系的火焰,又称中性火焰。这类火焰燃烧完全,温度高、稳定、干扰少、背景低,适合许多元素的测定。

(b)富燃火焰。富燃火焰是指燃料气和助燃气之比大于燃烧反应的化学计量关系的火焰,这类火焰燃烧不完全,有丰富的半分解产物,温度低于化学计量火焰,具有还原性质,所以也称还原火焰,适合易形成难离解氧化物的元素的测定,如 Cr、Mo、W、Al、稀土等。其缺点是火焰发射和火焰吸收的背景都较强,干扰较多。

(c)贫燃火焰。贫燃火焰是指燃料气和助燃气之比小于燃烧反应的化学计量关系的火焰,在这类火焰中,大量冷的助燃气带走了火焰中的热量,所以温度比较低,有较强的氧化性,有利于测定易解离、易电离的元素,如碱金属等。

d. 火焰的光谱特性。火焰的光谱特性指的是火焰的透射性能,它取决于火焰的成分,并限制了火焰的应用波长范围。图 3.18 所示为几种常用火焰的透光特性。

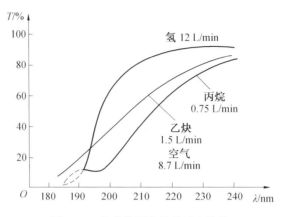

图 3.18　几种常用火焰的透光特性

可见,烃类火焰在短波区的吸收较大,即透射性能较差,而氢火焰的透射性能则很好。对于分析线位于短波区的元素,如用 196.0 nm 的共振线测定硒时,就显然不能选用乙炔—空气火焰,而应采用氢—空气火焰。

原子吸收光谱法中,最常用的火焰是空气—乙炔火焰,它的火焰温度较高、燃烧稳定、噪声小、重现性好,燃烧速度不是很快,能适用于 30 多种元素的测定。应用较多的还有乙炔—氧化亚氮火焰,它的火焰温度高,可达近 3 000 K,是目前唯一能广泛应用的高温火焰。它干扰少,且有很强的还原性,可以使许多难解离元素的氧化物分解并原子化,如 Al、B、Ti、V、Zr、稀土等。用这种火焰可测定 70 多种元素。空气—氢火焰也是应用较多的火焰,它是氧化性火焰,温度较低,背景发射弱,透射性好,特别适用于共振线在短波区的元素的分析,如 As、Se、Sn、Zn 等元素的测定。氢—氩火焰也具有空气—氢火焰的特点,甚至更好。

③火焰原子化器的特点。火焰原子化器结构简单,操作方便,应用较广;火焰稳定,重现性及精密度较好;基体效应及记忆效应较小。但其雾化效率和原子化效率低(一般低于30%),检出限比非火焰原子化器高;使用大量载气,起了稀释作用,使原子蒸气浓度降低,也限制其灵敏度和检出限;某些金属原子易受助燃气或火焰周围空气的氧化作用,生成难熔氧化物或发生某些化学反应,也会减少原子蒸气的密度。

(2)非火焰原子化器。

①石墨炉原子化器。石墨炉原子化器是非火焰原子化器,是电热原子化器中目前已被广泛应用的一种。该原子化器是 1959 年由 L'vov 首先提出的,它克服了火焰原子化器灵敏度低的缺点。石墨炉原子化器的实质就是石墨电阻加热器,它是利用大电流加热高阻值的石墨管,产生高温,温度可达 3 000 ℃,使置于其中的少量试液或固体样品熔融,获得瞬态自由原子。

a.结构。石墨炉原子化器由电源、保护气系统、石墨炉三部分组成,如图 3.19 所示。

电源提供低电压(10～25 V)、大电流(可达 500 A)的供电设备。它能使石墨管迅速加热升温,而且通过控制可以进行程序梯度升温。最高温度可达 3 000 K。石墨管长约50 mm,外径约 9 mm,内径约 6 mm,管中央有一个小孔,用以加入试样。光源发出的辐射线从石墨管的中间通过,管的两端与电源连接,并通过绝缘材料与保护气系统结合为完

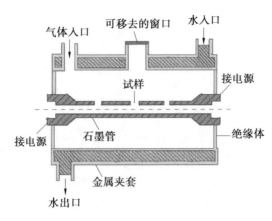

图 3.19 石墨炉结构示意图

整的炉体。保护气通常使用惰性气体氩气,保护气系统是控制保护气的,仪器启动,保护气氩气流通,空烧完毕后,切断保护气。进样后,外气路中的氩气从管两端流向管中心,由管中心孔流出,既可以有效地除去在干燥和挥发过程中的溶剂、基体蒸气,又可以保护已原子化了的原子不再被氧化。在原子化阶段,停止通气,可延长原子在吸收区内的平均停留时间,避免对原子蒸气的稀释作用。石墨炉炉体四周通有冷却水,以保护炉体。

b. 操作程序。石墨炉原子化器的升温程序及试样在原子化器中的物理化学过程为:试样以溶液(一般为 $1\sim50$ μL)或固体(一般几毫克)从进样孔加到石墨管中,用程序升温的方式使试样原子化,其过程分为 4 个阶段,即干燥、灰化、原子化和高温除残。

(a)干燥。干燥的目的主要是除去溶剂,以避免溶剂的存在导致灰化和原子化过程飞溅。干燥的温度一般稍高于溶剂的沸点,如水溶液一般控制在 105 ℃。干燥的时间视进样量的不同而有所不同,一般每 μL 试液需约 1.5 s。

(b)灰化。灰化的目的是尽可能除去易挥发的基体和有机物,这个过程相当于化学处理,不仅减少了可能发生干扰的物质,而且对被测物质也起到了富集的作用。灰化的温度及时间一般要通过实验选择,通常温度在 $100\sim1\,800$ ℃,时间为 $0.5\sim1$ min。

(c)原子化。原子化是使试样解离为中性原子。原子化的温度随被测元素的不同而异,原子化的时间也不尽相同,应该通过实验选择最佳的原子化温度和时间,这是原子吸收光谱法的重要条件之一。原子化温度一般为 $1\,800\sim3\,000$ ℃,时间为 $3\sim10$ s。在原子化过程中,应停止氩气通过,以延长原子在石墨炉管中的平均停留时间。

(d)高温除残。高温除残也称净化,它是在一个样品测定结束后,把温度提高,并保持一段时间,以除去石墨管中的残留物,净化石墨管,减少因样品残留所产生的记忆效应。除残温度一般高于原子化温度的 10% 左右,除残温度一般在 $2\,700\sim3\,000$ ℃,除残时间通过选择而定。

石墨炉升温程序示意图如图 3.20 所示。升温过程是由微机控制的,进样后原子化过程按给予的指令程序自动进行。

c. 石墨炉原子化器的特点。

(a)石墨炉原子化器优点。

灵敏度高,检出限低,其绝对检出限可达 $10^{-14}\sim10^{-12}$ g。这是由于温度较高,原子化

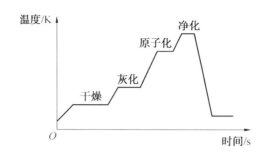

图 3.20　石墨炉升温程序示意图

效率高;管内原子蒸气不被载气稀释,原子在吸收区域中平均停留时间长;经干燥、灰化过程,起到了分离、富集的作用。

原子化温度高。可用于那些较难挥发和原子化的元素的分析。在惰性气体气氛下原子化,对于那些易形成难解离氧化物的元素分析更为有利。

进样量少。溶液试样量仅为 1～50 μL,固体试样量仅为几毫克。

(b)石墨炉原子化器缺点。

密度较差。管内温度不均匀,进样量、进样位置的变化,引起管内原子浓度的不均匀等因素所致。

基体效应、化学干扰较严重,有记忆效应,背景较强,测量的重现性比火焰法差。

仪器装置较复杂,价格较贵。

②低温原子化法。低温原子化法又称化学原子化法,其原子化温度为室温至几百摄氏度。常用的方法有汞低温原子化法和氢化物原子化法。

a.氢化物原子化法。氢化物原子化法适用于 Ge、Sn、Pb、As、Sb、Bi、Se 及 Te 等元素的测定。其原理为:在一定酸度下,将被测元素用强还原剂 NaBH$_4$ 还原成极易挥发和分解的氢化物,如 AsH$_3$、SnH$_4$、BiH$_3$ 等。将这些氢化物用载气送入石英管加热,进行原子化及吸光度的测量。氢化物可将被测元素从大量的溶剂中分离出来,其检出限比火焰法低 1～3 个数量级,且选择性好,干扰少。以 As 为例,其过程为

$$AsCl_3 + 4KBH_4 + HCl + 8H_2O = AsH_3\uparrow + 4KCl + 4HBO_2 + 13H_2\uparrow$$

氧化物的形成是一个氧化还原过程,反应过程可表示如下:

$$M^{m+} + (m-n)e \xrightarrow{H} M^{n+}$$

$$M^{n+} + ne \xrightarrow{H} M^0$$

$$M^0 + (8-m)e \xrightarrow{H} MH_{(8-m)}\uparrow$$

式中,M^{m+}、M^{n+} 分别为元素的高价状态和低价状态;MH$_{(8-m)}$ 为氢化物通式。生成的氢化物在热力学上不稳定,在不高的温度(低于 900 ℃)下,就能分解出自由原子,达到瞬间原子化。

该法的一个显著特点是还原效率可达 100%,被测元素转化为氢化物后全部进入原子化器,测定灵敏度高;样品中的基体不被还原,对测定的影响很小。此原子化法的实现大大提高了原子吸收光谱法的应用范围。

本方法也有一定的局限性,能够形成氢化物的元素种类较少,因此应用范围不广。另外,此法的精度不如火焰法,校正曲线的线性范围较窄。而且,这类氢化物毒性很大,本身又是一种较强的还原剂,容易被氧化,所形成的氧化物毒性更大。如 As_2O_3 本身就是剧毒剂,这样就要求反应系统要有良好的密封,且操作必须在良好通风条件下进行。

b. 汞低温原子化法。汞在室温下,有较大的蒸气压,沸点仅为 375 ℃。测定时,试样在常温下用还原剂($SnCl_2$)将汞[Hg(正 2 价)]还原为汞原子,然后由载气(Ar 或 N_2,也可用空气)将汞原子蒸气送入气体吸收池,测量汞蒸气对吸收线 Hg 253.7 nm 的吸收。如果样品中含有有机汞,则在还原前先用如高锰酸钾之类的氧化剂将其破坏,过量的高锰酸钾用盐酸羟胺除去,然后再用 $SnCl_2$ 还原。现已制成专用的冷原子吸收测汞仪。这种方法设备简单,操作方便,干扰少,但一般能沉淀汞的阴离子如 I^-、S^{2-} 等会抑制元素 Hg 的生成。可采取预先氧化后再还原的方法消除这种干扰。

3. 分光系统——单色器

分光系统由入射狭缝和出射狭缝、反射镜及色散元件组成,色散元件一般用的都是光栅。其作用主要是将待测元素的共振吸收线与其他邻近的谱线分开。原子吸收的谱线比较简单,因此对仪器的色散能力、分辨能力要求不很高。分光系统置于原子化器与检测器之间(这是与分子吸收的分光光度计主要不同点之一),既防止了原子化器内发射辐射干扰进入检测器,也避免了光电倍增管疲劳。

仪器出射狭缝所能通过光束的波长宽度,称为光谱通带,也称通带宽度,可表示为

$$W=D \cdot S \tag{3.13}$$

式中,W 为光谱通带,nm;D 为倒色散率,nm/mm;S 为狭缝宽度,mm。

如果相邻的干扰谱线与被测元素共振线之间相距较小,光谱通带也应较小;反之,光谱通带可增大。不同元素谱线的复杂程度不同,选用光谱通带的大小亦各不一样。如碱金属、碱土金属元素的谱线简单,谱线及背景干扰小,可选用较大的光谱通带;而过渡元素、稀土元素的谱线复杂,测定时应采用较小的光谱通带;锐线光谱的谱线比较简单,对分光系统分辨率的要求不高,一般光谱通带为 0.2 nm 就可满足要求。

4. 检测系统和读出装置

检测系统由检测器、放大器和显示装置等组成。检测器一般采用光电倍增管,其作用是将经过原子蒸气吸收和单色器分光后的微弱光信号转换为电信号。对于多元素同时测定的光谱仪通常使用电荷注入检测器(CID)和电荷偶合检测器(CCD)。放大器是将检测器检出的低电流信号进一步放大的装置,分直流放大和交流放大两种,由于直流放大不能排除火焰中待测元素原子发射光谱的影响,故已趋淘汰,目前广泛采用的是交流选频放大和相敏放大器。

经放大器放大的电信号,再通过对数变换器,就可以分别采用表头、检流计、数字显示器或记录仪、打印机等进行读数。

3.4　定量分析方法及其应用

3.4.1　原子吸收光谱法性能指标

灵敏度和检出限是原子吸收光谱法中仪器性能的两个主要技术指标。灵敏度可以检验仪器是否处于正常状态,检出限是表示一个给定分析方法的测定下限,即能在适当的置信度下检出试样的最小浓度(或含量)。

1. 灵敏度

灵敏度表示被测元素浓度或质量改变 1 个单位所引起的测量信号的变化,即分析校准曲线的斜率。但是在原子吸收光度分析中,常用特征浓度或特征质量来表征灵敏度。特征浓度或特征质量是指能产生 1‰吸收(或 0.004 4 吸光度)信号时所对应的待测元素的浓度或被测元素的质量,其单位为 $\mu g \cdot mL^{-1}/1\%$或 μg(或 ng)$/1\%$。1‰吸收灵敏度越小,表明方法灵敏度越高。

对于火焰原子吸收结果来说,常用浓度表示分析的灵敏度,若被测元素溶液的浓度为 $c(\mu g \cdot mL^{-1})$,多次测得吸光度平均值为 A,则 1‰吸收灵敏度为

$$S_{1\%} = \frac{c \times 0.004\ 4}{A} \quad (\mu g \cdot mL^{-1}/1\%) \tag{3.14}$$

对于石墨炉原子吸收法来说,常用绝对质量表示分析的灵敏度,若被测元素溶液的体积为 $V(mL)$,则 1‰吸收灵敏度为

$$S_{1\%} = \frac{c \times 0.004\ 4}{A} \quad (\mu g/1\%) \tag{3.15}$$

1975 年 IUPAC 规定,以校准曲线的斜率作为灵敏度,即 $\frac{dA}{dc} = S$,表明吸光度对浓度的变化率,变化率越大,灵敏度越高。

2. 检出限

检出限的定义为:以特定的分析方法,以适当的置信水平可检出的最低浓度或最小量。

只有存在量达到或高于检出限,才能可靠地将有效分析信号与噪声信号区分开,确定试样中被测元素具有统计意义的存在。"未检出"就是被测元素的量低于检出限。

在 IUPAC 的规定中,对各种光学分析方法,可测量的最小分析信号 $X_{\min}$ 以下式确定:

$$X_{\min} = \overline{X}_0 + KS_b \tag{3.16}$$

式中,X_0 是用空白溶液(也可为固体、气体)按同样测定分析方法多次测定的平均值;S_b 是空白溶液多次测量的标准偏差;K 是由置信水平决定的系数。过去采用 $K=2$,IUPAC 推荐 $K=3$,在误差正态分析条件下,其置信度为 99.7%。

由式(3.16)可看出,可测量的最小分析信号为空白溶液多次测量平均值与 3 倍空白溶液测量的标准偏差之和,它所对应的被测元素浓度即为检出限 D,其表达式为

$$D = \frac{X_{\min} - \overline{X_0}}{S} = \frac{KS_b}{S}$$

$$D = \frac{3S_b}{S} \tag{3.17}$$

式中,S 为灵敏度,即分析校准曲线的斜率。

表 3.5 以一些元素为例列出了几种原子光谱分析法检出限的比较。

表 3.5　几种原子光谱分析法的检出限

元素	原子吸收火焰原子化法 /$(\mu g \cdot mL^{-1})$	原子吸收石墨炉 原子化法/pg	原子荧光光谱法 /$(\mu g \cdot mL^{-1})$	ICP D.L. /$(\mu g \cdot mL^{-1})$
Ag	1×10^{-3}	1×10^{-7}	1×10^{-5}	4×10^{-3}
Al	3×10^{-2}	1×10^{-6}	6×10^{-4}	2×10^{-4}
As	3×10^{-2}	8×10^{-6}	1×10^{-1}	2×10^{-2}
Au	2×10^{-2}	1×10^{-6}	3×10^{-3}	4×10^{-2}
B	2.5	2×10^{-4}	—	5×10^{-3}
Ba	2×10^{-2}	6×10^{-6}	8×10^{-3}	1×10^{-5}
Bi	5×10^{-2}	4×10^{-6}	3×10^{-3}	5×10^{-2}
Ca	1×10^{-3}	4×10^{-7}	8×10^{-5}	2×10^{-5}
Cd	1×10^{-3}	8×10^{-8}	1×10^{-6}	1×10^{-3}
Co	2×10^{-3}	2×10^{-6}	5×10^{-3}	2×10^{-3}
Cr	2×10^{-3}	2×10^{-6}	1×10^{-3}	3×10^{-4}
Cu	1×10^{-3}	6×10^{-7}	5×10^{-4}	1×10^{-4}
Fe	4×10^{-3}	1×10^{-5}	8×10^{-3}	3×10^{-4}
K	3×10^{-3}	4×10^{-5}	—	1×10^{-1}
Li	1×10^{-3}	3×10^{-6}	—	3×10^{-4}
Mg	1×10^{-4}	4×10^{-8}	1×10^{-4}	5×10^{-5}
Mn	8×10^{-4}	2×10^{-7}	4×10^{-4}	6×10^{-5}
Mo	3×10^{-2}	3×10^{-6}	1.2×10^{-2}	2×10^{-4}
Na	8×10^{-4}	—	1×10^{-4}	2×10^{-4}
Ni	5×10^{-3}	9×10^{-6}	2×10^{-3}	4×10^{-4}
P	2.1×10	3×10^{-6}	—	4×10^{-2}
Pb	1×10^{-2}	2×10^{-6}	1×10^{-2}	2×10^{-3}
Sb	3×10^{-2}	5×10^{-6}	5×10^{-2}	2×10^{-1}
Sc	1×10^{-1}	6×10^{-5}	—	3×10^{-3}
Se	1×10	9×10^{-6}	4×10^{-2}	3×10^{-2}
Si	1×10	—	6×10^{-1}	1×10^{-2}
Sn	5×10^{-2}	2×10^{-6}	5×10^{-2}	3×10^{-2}
Ti	9×10^{-2}	4×10^{-5}	2×10^{-3}	2×10^{-4}
U	2.0×10	—	—	3×10^{-2}
V	2×10^{-2}	3×10^{-6}	3×10^{-2}	2×10^{-4}
W	3.0	—	—	1×10^{-3}
Y	3×10^{-1}	—	—	6×10^{-5}
Yb	2×10^{-2}	—	—	4×10^{-5}
Zn	1×10^{-3}	7×10^{-7}	—	2×10^{-3}
Zr	4.0	3×10^{-4}	—	4×10^{-4}

3. 线性范围

原子吸收光谱法的线性范围一般为 2~3 个数量级。在吸光度为 1.5~2.0 时呈平台。造成非线性的原因主要有吸收系数的变化、杂散辐射、待测原子密度的非均匀性等。

4. 精密度

火焰原子吸收法的精密度一般小于 1%,而石墨炉原子吸收法的精密度一般为2%~5%。

3.4.2 测量条件的选择

在原子吸收光谱法中,测量条件的选择对测定的准确度、灵敏度都会有较大的影响。因此必须选择、优化测量条件,才能获得满意的分析结果。

1. 火焰原子吸收光谱测量条件的选择

（1）分析线。

通常选择元素的共振线作为分析线。在分析被测元素浓度较高的试样时,可选用灵敏度较低的非共振线作分析线。As、Se 等元素共振吸收线在 200 nm 以下,火焰组分也有明显的吸收,可选择非共振线作分析线或选择其他火焰进行测定。表 3.6 列出了原子吸收光谱法中常用的分析线。

表 3.6　原子吸收光谱法中常用的分析线

元素	λ/nm	元素	λ/nm	元素	λ/nm
Ag	328.07,338.29	Hg	253.65	Ru	349.89,372.80
Al	309.27,308.22	Ho	410.38,405.39	Sb	217.58,206.83
As	193.64,197.20	In	303.94,325.61	Sc	391.18,402.04
Au	242.80,267.60	Ir	209.26,208.88	Se	196.09,703.99
B	249.68,249.77	K	766.49,769.90	Si	251.61,250.69
Ba	553.55,455.40	La	550.13,418.73	Sm	429.67,520.06
Be	234.86	Li	670.78,323.26	Sn	224.61,286.33
Bi	223.06,222.83	Lu	335.96,328.17	Sr	460.73,407.77
Ca	422.67,239.86	Mg	285.21,279.55	Ta	271.47,277.59
Cd	228.80,326.11	Mn	279.48,403.68	Tb	432.65,431.89
Ce	520.00,369.70	Mo	313.26,317.04	Te	214.28,225.90
Co	240.71,242.49	Na	589.00,330.30	Th	371.90,380.30
Cr	357.87,359.35	Nb	334.37,358.03	Ti	364.27,337.15
Cs	852.11,455.54	Nd	463.42,471.90	Tl	276.79,377.58
Cu	324.75,327.40	Ni	232.00,341.48	Tm	409.4
Dy	421.17,404.60	Os	290.91,305.87	U	351.46,358.49
Er	400.80,415.11	Pb	216.70,283.31	V	318.40,385.58

续表 3.6

元素	λ/nm	元素	λ/nm	元素	λ/nm
Eu	459.40,462.72	Pd	247.64,244.79	W	255.14,294.74
Fe	248.33,352.29	Pr	495.14,513.34	Y	410.24,412.83
Ga	287.42,294.42	Pt	265.95,306.47	Yb	398.80,346.44
Gd	386.40,407.87	Rb	780.02,794.76	Zn	213.86,307.59
Ge	265.16,275.46	Re	346.05,346.47	Zr	360.12,301.18
Hf	307.29,286.64	Rh	343.49,339.69	—	

(2)光谱通带。

选择光谱通带实际就是选择单色器的狭缝宽度($W=DS$)。狭缝宽度影响光谱通带宽度与检测器接受辐射的能量,原子吸收分析中,谱线重叠的概率较小,因此可以使用较宽的狭缝,可以增加光强与降低检出限。狭缝宽度的选择要能使吸收线与邻近干扰线分开。通过实验进行选择,调节不同的狭缝宽度,测定吸光度随狭缝宽度的变化。当有干扰线进入光谱通带内时,吸光度值将立即减小。不引起吸光度减小的最大狭缝宽度为应选择的合适的狭缝宽度。在实验中,也要考虑被测元素谱线复杂程度,碱金属、碱土金属谱线简单,可选用较大的狭缝宽度;过渡元素与稀土等谱线复杂的元素,要选择较小的狭缝宽度。大多数元素,光谱通带为 0.4~4 nm。

(3)空心阴极灯工作电流。

空心阴极灯的发射特性取决于工作电流。灯电流过小,放电不稳定,光输出的强度小;灯电流过大,发射谱线变宽,导致灵敏度下降,灯寿命缩短。选择灯电流时,应在保证稳定和有合适的光强输出的情况下,尽量选用较低的工作电流。一般商品空心阴极灯都标有允许使用的最大电流与可使用的电流范围,通常选用最大电流的 1/2~2/3 为工作电流。实际工作中,最合适的工作电流应通过实验确定。空心阴极灯一般需要预热 10~30 min。

(4)原子化条件。

①火焰的选择。火焰类型的选择是至关重要的。对于低温火焰、中温火焰,适合的元素可使用空气-乙炔火焰;在火焰中易生成难解离的化合物及难熔氧化物的元素,宜使用乙炔-氧化亚氮高温火焰;分析线在 220 nm 以下的元素,可选用空气-氢火焰。火焰类型选定以后,须调节燃料气与助燃气比例,才可得到所需特点的火焰。合适的燃助比应通过实验确定,固定助燃气流量,改变燃料气流量,由所测吸光度值与燃气流量之间的关系选择最佳的燃助比。

②燃烧器高度的选择。燃烧器高度是控制光源光束通过火焰区域的。由于在火焰区内,自由原子的空间分布是不均匀的,而且随火焰条件及元素的性质而改变;因此必须调节燃烧器高度,使测量光束从自由原子浓度最大的区域通过,以得到较高的灵敏度。各元素在火焰中都有合适的测量位置,可以通过调节燃烧器的高度来获得最大的吸收信号。图 3.21 所示为 Cr、Ag 和 Mg 自由原子在火焰中的分布曲线。

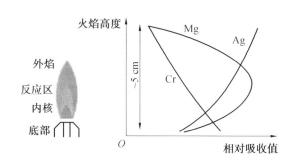

图 3.21　Cr、Ag 和 Mg 自由原子在火焰中的分布曲线

火焰的氧化性随火焰高度的升高而逐渐增加。Cr 氧化物的稳定性高,从底部开始随火焰高度的升高形成氧化物的趋势越大,自由原子浓度减小,因此吸收值也相应减小。Ag 氧化物不稳定,火焰高度升高,温度也升高,而高温对 Ag 化合物原子化有利,因此吸收值增大。而 Mg 氧化物的稳定性中等,火焰高度升高,在内核区对 Mg 原子化有利,吸收值升高;然后在反应区,自由 Mg 原子又因生成氧化物而减少,吸收值降低,在火焰的中部吸收值有一极大值。

2. 非火焰原子吸收光谱测量条件的选择

在无火焰原子吸收测定中,仪器参数如波长、光谱通带和灯电流等的选择,其原则和火焰原子吸收法相同,有关参数可参见相关手册。

(1)原子化器种类的选择。

一般中低温原子化元素选择普通石墨管原子化器,对于容易生成难熔碳化物的金属元素,如 Ti、Zr、Hf、V、Nb、Ta、Mo、W、Si、B、Y、稀土、U、Th 等,可选用热解涂层石墨管或金属舟皿、金属涂层的石墨管。一些元素(如铂族元素)与 W、Ta 在高温下能生成金属间化合物,故不宜用涂 W、Ta 的原子化器。

(2)原子化器位置的调节。

在光路调整好后,插入石墨炉并进行位置调节,以光经过石墨炉后光强损失最小为佳。对棒状原子化器定位十分严格,通常调整到让光路紧贴在棒的上方通过。

(3)载气选择。

可使用惰性气体氩或氮作载气,通常使用的是氩气。采用氮气作载气时要考虑高温原子化时产生 CN 带来的干扰。载气流量影响灵敏度和石墨管寿命,目前大多采用内外单独供气方式,外部供气是不间断的,流量在 $1\sim5$ L·min^{-1};内部气体流量在 $60\sim70$ mL·min^{-1},在原子化期间,内气流的大小与测定元素有关,可通过实验确定。

(4)冷却水。

为使石墨管温度迅速降至室温,通常使用水温为 20 ℃,流量为 $1\sim2$ L·min^{-1} 的冷却水,可在 $20\sim30$ s 冷却,水温不宜过低,流速不宜过大,以免在石墨锥体或石英窗上产生冷凝水。

(5)加热程序的选择。

①干燥。温度应比溶剂沸点略高,干燥时间视取样量和样品中含盐量来确定,一般取样 $10\sim100$ μL 时,干燥时间为 $15\sim60$ s。具体时间应通过实验确定。

②灰化。灰化温度和时间的选择原则是,在保证待测元素不挥发损失的条件下,尽量提高灰化温度以去掉比分析元素化合物容易挥发的样品基体,减少背景吸收。灰化温度和灰化时间由实验确定,即在固定干燥条件,原子化程序不变情况下,通过绘制 A-灰化温度或 A-灰化时间的灰化曲线找到最佳灰化温度和灰化时间。

③原子化。不同原子有不同的原子化温度,通常把产生最大信号时的最低温度定为原子化温度,这有利于延长石墨管寿命。

(6)石墨管的清洗。

为消除记忆效应,可在原子化完成后,一般在 3 000 ℃,采用空烧的方法来清洗石墨管以除去残余的基体和待测元素。但时间宜短,否则将使石墨管寿命大为缩短。

3.4.3 分析方法

1. 校准曲线法

这是最常用的分析方法,该法适用于对样品比较了解,且样品组成比较简单的情况。校准曲线法最重要的是绘制一条校准曲线。用纯物质配制一系列浓度合适的标准溶液,用试剂空白溶液做参比,在与试样测定完全相同的条件下,依浓度由低到高的顺序测定吸光度。绘制吸光度 A 对浓度 c 的校准曲线。然后在相同条件下,引入含待测元素的样品溶液,测定其吸光度,从标准曲线上查出该吸光度所对应的浓度,从而求得样品中被测元素的含量。标准曲线最好为过原点直线,但也可不过原点,不是直线。使用标准曲线法时,应尽量使分析样品时的操作条件与配制系列标准溶液时的操作条件相同,且标准系列溶液与未知样品溶液的基体组成应尽量一致;标准溶液的浓度应适当,尽可能使吸光度在 0.2~0.8 之间,保证测量的相对误差较小,而且应使待测组分的吸光度值处于标准曲线的直线部分内;在分析样品时应随时对标准曲线进行校正,以减少实验条件变化对测定的影响。

2. 标准加入法

当配制与试样组成一致的标准样品遇到困难时,可采用标准加入法。分取几份相同量的被测试液,分别加入不同量被测元素的标准溶液,其中一份不加入被测元素标准溶液,最后稀释至相同的体积,使加入的标准溶液浓度为 $0,c_s,2c_s,3c_s,\cdots$,然后分别测定它们的吸光度值。以加入的标准溶液浓度与吸光度值绘制标准曲线,再将该曲线外推至与浓度轴相交。交点至坐标原点的距离 c_x 即是被测试液中被测元素的浓度。这个方法称为标准加入法,如图 3.22 所示。

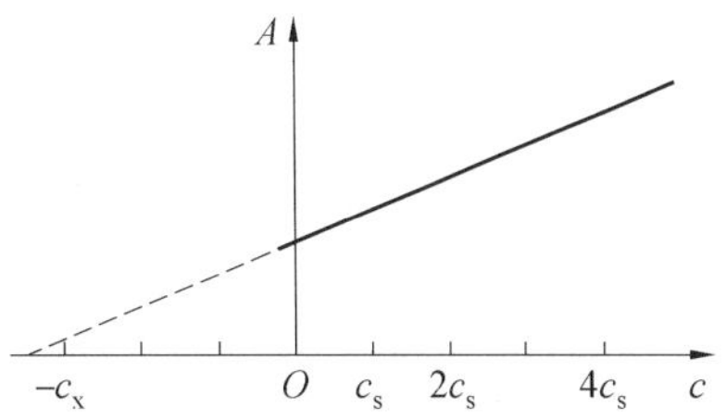

图 3.22 标准加入法

根据吸收定律,曲线上各点均可表示为

$$A=k(c_x+c_s)$$

式中,c_s 为标准加入的浓度。

使用标准加入法时,被测元素的浓度应在通过原点的校准曲线的线性范围内。标准加入法应该进行试剂空白的扣除,而且须用试剂空白的标准加入法进行扣除,而不能用校准曲线法的试剂空白值来扣除。标准加入法的特点是可以消除基体效应的干扰,但不能消除背景的干扰。因此,使用标准加入法时,要考虑消除背景干扰的问题。

标准加入法有时只用单标准加入,即取两份相同量的被测试液,其中一分加入一定量的标准溶液,稀释到相同体积后测定吸光度。根据吸收定律,可得

$$A_x = kc_x$$
$$A_{x+s} = k(c_x + c_s)$$

解得

$$c_x = \frac{A_x}{A_{x+s} - A_x} c_s \qquad (3.18)$$

式中,c_x 和 c_s 分别为测量溶液中被测元素浓度和标准加入的浓度;A_x 和 A_{x+s} 分别为测量试液和试液加进标准溶液后溶液的吸光度。

3.5 原子吸收光谱法的干扰及其消除方法

3.5.1 非光谱干扰

1. 物理干扰

物理干扰指的是试样在处理、转移、蒸发和原子化的过程中,由于各种物理因素的变化而产生的对吸光度测量的影响。其物理因素包括溶液的黏度、密度、总盐度、表面张力、溶剂的蒸气压及雾化气体的压力、流速等。这些因素会影响试液的喷入速度、提取量、雾化效率、雾滴大小的分布、溶剂及固体微粒的蒸发、原子在吸收区的平均停留时间等,因而会引起吸收强度的变化。物理干扰具有非选择性质。

物理干扰的消除方法是配制与被测试样组成相同或相近的标准溶液或采用标准加入法。若试样溶液浓度过高,还可以采用稀释法。

2. 化学干扰

化学干扰指的是被测元素原子与共存组分发生化学反应,生成热力学更稳定的化合物,影响被测元素的原子化。如 Al 的存在,对 Ca、Mg 的原子化起抑制作用,因为会形成热稳定性高的 $MgO \cdot Al_2O_3$、$3CaO \cdot 5Al_2O_3$ 的化合物;PO_4^{3-} 会与 Ca 形成 $Ca_3(PO_4)_2$ 而影响 Ca 的原子化,同样 F^-、SO_4^{2-} 也影响 Ca 的原子化。化学干扰具有选择性,要消除其影响应根据不同性质而选择合适的方法。

消除化学干扰的方法主要有以下几种。

①加释放剂。其作用是它能与干扰物质生成比被测元素更稳定的化合物,使被测元素从其与干扰物质形成的化合物中释放出来。如上述所说的 PO_4^{3-} 干扰 Ca 的测定,可加入 La、Sr 盐类,它们与 PO_4^{3-} 生成更稳定的磷酸盐,把 Ca 释放出来。同样,Al 对 Ca、Mg 的干扰,也可以通过加 $LaCl_3$ 而释放 Ca、Mg。释放剂的应用比较广泛。

②加保护剂。其作用是它能与被测元素生成稳定且易分解的配合物,以防止被测元素与干扰组分生成难解离的化合物,即起了保护作用。保护剂一般是有机配合剂,用得最多的是 EDTA 和 8-羟基喹啉。例如,PO_4^{3-} 干扰 Ca 的测定,当加 EDTA 后,生成 EDTA-Cu 配合物,它既稳定又易破坏。Al 对 Ca、Mg 的干扰可用 8-羟基喹啉作为保

护剂。

③加缓冲剂。有的干扰在干扰物质达到一定浓度时会趋于稳定,这样,把被测溶液和标准溶液加入同样达到干扰稳定量时,干扰物质对测定就不发生影响。如用乙炔－N_2O火焰测定 Ti 时,Al 抑制了 Ti 的吸收。但是当 Al 的浓度大于 $200~\mu g \cdot mL^{-1}$ 后,吸收就趋于稳定。因此在试样及标样中都加 $200~\mu g \cdot mL^{-1}$ 的干扰元素,则可消除其干扰。

④选择合适的原子化条件。提高原子化温度,化学干扰一般会减小。使用高温火焰或提高石墨炉原子化温度,可使难解离的化合物分解。如在乙炔——一氧化二氮高温火焰中,PO_4^{3-} 不干扰 Ca 的测定。采用还原性强的火焰或石墨炉原子化法,可以使难离解的氧化物还原、分解。

⑤加入基体改进剂。用石墨炉原子化时,在试样中加入基体改进剂,使其在干燥或灰化阶段与试样发生化学变化,其结果可能增强基体的挥发性或改变被测元素的挥发性,以减少基体效应,降低干扰。如测定海水中的 Cd,为了使 Cd 在背景信号出现前原子化,可加入 EDTA 来降低原子化温度,以消除干扰。

当以上方法都未能消除化学干扰时,只好采用化学分离的方法,如溶剂萃取、离子交换、沉淀分离等方法。用得较多的是溶剂萃取的方法。

表 3.7 所示为常用干扰抑制试剂,表 3.8 所示为常用基体改进剂。

表 3.7 常用干扰抑制试剂

试剂	干扰成分	测定元素	试剂	干扰成分	测定元素
La	Al,Si,PO_4^{3-},SO_4^{2-}	Mg	NH_4Cl	Al	Na,Cr
Sr	Al,Be,Fe,SeNO_3^-, SO_4^{2-},PO_4^{3-}	Mg,Ca,Sr	NH_4Cl	Sr,Ca,Ba,PO_4^{3-},SO_4^{2-}	Mo
Mg	Al,Si,PO_4^{3-},SO_4^{2-}	Ca	NH_4Cl	Fe,Mo,W,Mn	Cr
Ba	Al,Fe	Mg,K,Na	乙二醇	PO_4^{3-}	Ca
Ca	Al,F	Mg	甘露醇	PO_4^{3-}	Ca
Sr	Al,F	Mg	葡萄糖	PO_4^{3-}	Ca,Sr
Mg+$HClO_4$	Al,Si,PO_4^{3-},SO_4^{2-}	Ca	水杨酸	Al	Ca
Sr+$HClO_4$	Al,P,B	Ca,Mg,Ba	乙酰丙酮	Al	Ca
Nd,Pr	Al,P,B	Sr	蔗糖	P,B	Ca,Sr
Nd,Sm,Y	Al,P,B	Ca,Sr	EDTA	Al	Mg,Ca
Fe	Si	Cu,Zn	8-羟基喹啉	Al	Mg,Ca
La	Al,P	Cr	$K_2S_2O_7$	Al,Fe,Ti	Cr
Y	Al,B	Cr	Na_2SO_4	可抑制16种元素的干扰	Cr
Ni	Al,Si	Mg	$Na_2SO_4^+$ $CuSO_4$	可抑制 Mg 等十几种元素的干扰	Cr
甘油,高氯酸	Al,Fe,Th,稀土,Si,B, Cr,Ti,PO_4^{3-},SO_4^{2-}	Mg,Ca,Sr,Ba	—		

表 3.8　常用基体改进剂

分析元素	基体改进剂	分析元素	基体改进剂	分析元素	基体改进剂	分析元素	基体改进剂
镉	硝酸镁	砷	镍	镓	抗坏血酸	汞	硫化铵
	TritonX-100	—	镁	锗	硝酸		硫化钠
	氢氧化铵	—	钯	—	氢氧化钠	—	盐酸+过氧化氢
	硫酸铵	铍	铝,钙	金	TritonX-100+Ni	—	柠檬酸
	焦硫酸铵	—	硝酸镁	—	硝酸铵	磷	镧
	镧	铋	镍	铟	O_2	硒	硝酸铵
	EDTA	—	EDTA,O_2	铁	硝酸铵	—	镍
	柠檬酸	—	钯	铅	硝酸铵	—	铜
	组氨酸	硼	钙,钡	—	磷酸二氢铵	—	钼
	乳酸	—	钙+镁	—	磷酸	—	铑
	硝酸	钙	硝酸	—	镧	—	高锰酸钾,重铬酸钾
	硝酸铵	铬	磷酸二氢铵	—	铂,钯,金	硅	钙
	硫酸铵	钴	抗坏血酸	—	抗坏血酸	银	EDTA
	磷酸二氢铵	铜	抗坏血酸	—	EDTA	碲	镍
	硫化铵	—	EDTA	—	硫脲	—	铂,钯
	磷酸铵	—	硫酸铵	—	草酸	铊	硝酸
	氟化铵	—	磷酸铵	锂	硫酸,磷酸	—	酒石酸+硫酸
	铂	—	硝酸铵	锰	硝酸铵	锡	抗坏血酸
锑	铜	—	蔗糖	—	EDTA	钒	钙,镁
	镍	—	硫脲	—	硫脲	锌	硝酸铵
	铂,钯	—	过氧化钠	汞	银	—	EDTA
	H_2	—	磷酸		钯	—	柠檬酸

3. 电离干扰

电离干扰指的是在高温条件下,原子发生电离成为离子,使基态原子数减少,吸光值下降。电离干扰与原子化温度和被测元素的电离电位及浓度有关。元素的电离度随温度的升高而增加,随元素的电离电位及浓度的升高而减小。碱金属的电离电位低,电离干扰就明显。

消除的方法:消除电离干扰的有效方法是加入消电离剂(或称电离抑制剂)。消电离剂一般是比被测元素电离电位低的元素,在相同条件下,消电离剂首先被电离,产生大量电子,抑制了被测元素的电离(有时消电离剂元素的电离电位也不一定比被测元素低,由于加入的消电离剂量大,尽管其电离电位稍高于被测元素,由于电离平衡的关系,仍会起抑制作用)。例如,测 Ba 时有电离干扰,加入过量 KCl,可以消除。Ba 的电离电位 5.21 eV,K 的电离电位 4.3 eV。K 电离产生大量电子,使 Ba^+ 得到电子而生成原子,图 3.23 所示为 Ba 的电离干扰及消除。

$$K \longrightarrow K^+ + e$$
$$Ba^+ + e \longrightarrow Ba$$

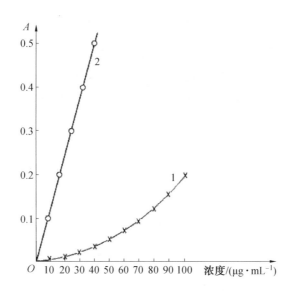

图 3.23 Ba 的电离干扰及消除
1—纯水溶液;2—加 0.2%KCl

3.5.2 光谱干扰

光谱干扰有谱线干扰和背景干扰两方面,而背景干扰往往是更重要的。

1. 谱线干扰

谱线干扰通常有以下三种情况。

(1)吸收线重叠。

吸收线重叠是指试样中共存元素的吸收线与被测元素的分析线波长很接近时,两谱线重叠或部分重叠,使测得的吸光度偏高。谱线重叠的理论值是 0.03 nm 时,干扰就严重。而如果干扰线也是灵敏线时,往往 0.1~0.2 nm 都会明显地表现出干扰。通常遇到的干扰线是非灵敏线,所以干扰并不明显。消除吸收线干扰的方法是另选分析线,若还未能消除干扰,就只好进行试样的分离。

(2)光谱通带内的非吸收线干扰。

光谱通带内的非吸收线干扰是指在光谱通带范围内光谱的多重发射,也就是光源不仅发射被测元素的共振线,而且在其共振线的附近有其他的谱线,这些干扰线可能是多谱线元素(如 Co、Ni、Fe 等)发射的非测量线,也可能是光源的灯内杂质(金属杂质、气体杂质、金属氧化物)所发射的谱线。对于这些多重发射,被测元素的原子若不吸收,它们即被检测器所检测,产生一个不变的背景信号,使吸光度减小,降低了灵敏度。而也有可能被测元素的原子对这些发射产生多重吸收,但由于吸收系数比对共振线的吸收系数小,所以也使吸光度减小,同时降低灵敏度。克服这种干扰的方法有:减小狭缝宽度,使光谱通带小到足以遮去多重发射的谱线;若波长差很小,则应另选分析线;降低灯电流也可以减少多重发射;若灯使用时间长,灯内产生氧化物灯杂质,则可以反向通电进行净化处理。

(3)原子化器内直流发射干扰。

为了消除原子化器内的直流发射干扰,可以对光源进行机械调制,或者是对空心阴极灯光源采用脉冲供电。

2. 背景干扰

背景干扰来自于原子化器中的背景发射及背景吸收,也是一种光谱干扰,用光源的调制可以消除背景发射的影响,但不能消除背景吸收的影响。分子吸收与光散射是形成背景干扰的两个主要因素。

(1)分子吸收。

一些碱金属、碱土金属的双原子卤化物如 $NaCl$、KCl、$CaCl$ 等在紫外光区有吸收。$Ca(OH)_2$ 在 $530\sim560$ nm 有吸收,干扰 Ba 553.6 nm 的测定;半分解产物在一定波段有吸收,如 OH 在 $309\sim330$ nm 及 $281\sim206$ nm 有吸收,分别干扰 Cu 324.7 nm 及 Mg 285.2 nm 的测定,CH 在 $387\sim410$ nm 有吸收,C_2 在 $486\sim474$ nm 有吸收;一些无机酸也有吸收,如 H_2SO_4 和 H_3PO_4 在小于 250 nm 波长处有强烈吸收,而 HNO_3 和 HCl 吸收很小。因此原子吸收分析中常用 HNO_3 或 HCl 配制溶液。

(2)光散射。

原子化过程产生的微小固体颗粒使光发生散射,使没被吸收的光不能到达检测器被检测,吸光度增加,该现象称为"假吸收"。散射光强度与光波长的四次方成反比,所以波长短的分析线散射影响大。

(3)背景校正方法。

背景干扰,都是使吸光度增大,产生正误差。石墨炉原子化法中的背景吸收干扰比火焰原子化法中的严重,有时不扣除背景就不能进行测定。

背景校正的方法:当存在背景吸收时,测得的总吸光度 A_t 为被测元素无背景吸收时的吸光度 A_x 与背景吸光度 A_b 之和,即

$$A_t = A_x + A_b$$

要想得到被测元素的净吸光度,必须设法测出 A_b,从 A_t 中扣除,则背景吸收得到校正,即

$$A_x = A_t - A_b = Kc$$

关于背景的校正,人们曾提出过各种方法,在火焰原子化中使用较高的温度和较强还原性的火焰,还是比较有效的。但是,这样的火焰会使得有一些元素的灵敏线明显降低。因此,这个方法未必经常可行。石墨炉原子化法中,基体改进作用也有一些效果。利用空白试剂溶液进行背景扣除是一种简便、易行的方法,尤其是对于基体组分较为明确的样品,配制与基体组分相同的试剂溶液,可以较有效地进行背景扣除。

目前,都是采用一些仪器技术来校正背景,主要有邻近非共振线法、连续光源背景校正法和塞曼效应背景校正法等。

①邻近非共振线法。背景吸收是宽带吸收,在分析线邻近选一条非被测元素的共振

线,这条线可以是空心阴极灯中杂质的谱线,也可以是灯中惰性气体的谱线,也可以是被测元素所发射的非共振线,称为参比线,用参比线测得的吸光度为背景吸收的吸光度。而用分析线测得的是被测元素原子吸收的吸光度与背景吸收的吸光度之和。两次测得的吸光度的差值,即为扣除背景吸收后被测元素原子吸收的吸光度。邻近非共振线法原理示意图如图 3.24 所示。

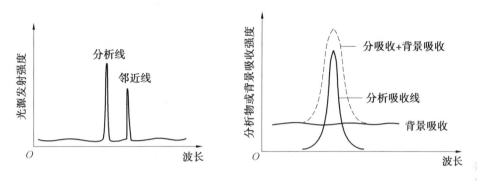

图 3.24　邻近非共振线法原理示意图

例如,测定含 Ca、Mg 较多的饲料中的 Pb,使用 Pb 共振线 283.3 nm 为分析线,在此波段内 Ca 在火焰中产生的分子有吸收带,此时测得的吸光度为 Pb 的原子吸收与 Ca 的分子吸收之和。然后在 Pb 283.3 nm 附近有一条非共振线 280.2 nm,用此谱线测定吸光度,此时 Pb 基态原子没有吸收,而宽吸收带的 Ca 分子有与 283.3 nm 处相同的吸收,因此在 280.2 nm 处测得的吸光度为背景吸收值。必须注意的是,邻近线与分析线的波长应接近,一般不应超过 10 nm,两者越靠近,背景校正越有效,而且应注意在分析线与邻近线的波段范围内,背景应该均匀。

② 连续光源背景校正法。目前原子吸收分光光度计上一般都配有连续光自动扣除背景的装置。连续光源有氘灯(用于紫外光区)和碘钨灯或氙灯(用于可见光区)。氘灯在大多数仪器中都有装配。图 3.25 所示为氘灯背景校正装置示意图。

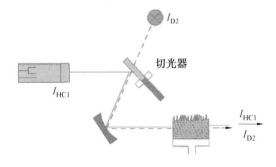

图 3.25　氘灯背景校正装置示意图

由图 3.25 可见,切光器可使锐线光源与氘灯连续光源交替进入原子化器。锐线光源测定的吸光度值为原子吸收与背景吸收的总吸光度。连续光源所测吸光度为背景吸收,因为在使用连续光源时,被测元素的共振线吸收相对于总入射光强度是可以忽略不计的,因此连续光源的吸光度值即为背景吸收。将锐线光源吸光度值减去连续光源吸光度值,即为校正背景后的被测元素的吸光度值,氘灯背景校正原理示意图如图 3.26 所示。用连续光源校正背景吸收最大的困难是要求连续光源与空心阴极灯光源的两条光束在原子化器中必须严格重叠,这种调整有时是十分费时的。此外,连续光源法对高背景吸收的校正也有困难。

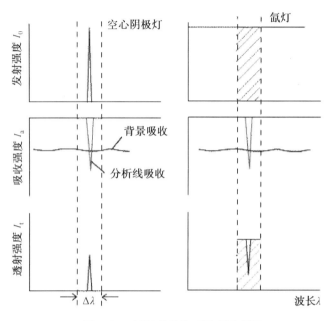

图 3.26　氘灯背景校正原理示意图

③塞曼效应背景校正法。塞曼效应是指在磁场作用下简并的谱线发生分裂的现象。塞曼效应背景校正法是磁场将吸收线分裂为具有不同偏振方向的组分,利用这些分裂的偏振成分来区分被测元素和背景的吸收。塞曼效应校正背景法分为两大类:光源调制法与吸收线调制法。光源调制法是将强磁场加在光源上,吸收线调制法是将磁场加在原子化器上,后者应用较广。调制吸收线有两种方式,即恒定磁场调制方式和可变磁场调制方式。

a.恒定磁场调制方式。如图 3.27 所示的塞曼效应背景校正装置示意图,在原子化器上施加一恒定磁场,磁场垂直于光束方向。

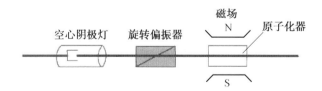

图 3.27　塞曼效应背景校正装置示意图

在磁场作用下,由于塞曼效应,原子吸收线分裂为 π 和 σ± 组分:π 组分平行于磁场方向,波长不变;σ± 组分垂直于磁场方向,波长分别向长波与短波方向移动。这两个分量之间的主要差别是:π 分量只能吸收与磁场平行的偏振光,而 σ± 分量只能吸收与磁场垂直的偏振光,而且很弱。引起背景吸收的分子完全等同地吸收平行与垂直的偏振光。光源发射的共振线通过偏振器后变为偏振光,随着偏振器的旋转,某一时刻平行磁场方向的偏振光通过原子化器,吸收线 π 组分和背景都产生吸收。测得原子吸收和背景吸收的总吸光度。另一时刻垂直于磁场的偏振光通过原子化器,不产生原子吸收,此时只有背景吸收。两次测定吸光度值之差,就是校正了背景吸收后的被测元素的净吸光度值。塞曼效应背景校正原理示意图如图 3.28 所示。

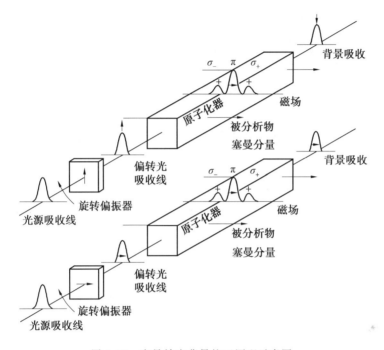

图 3.28　塞曼效应背景校正原理示意图

b. 可变磁场调制方式。在原子化器上加一电磁铁,电磁铁仅在原子化阶段被激磁,偏振器是固定不变的,它只让垂直于磁场方向的偏振光通过原子化器,去掉平行于磁场方向的偏振光。在零磁场时,吸收线不发生分裂,测得的是被测元素的原子吸收与背景吸收的总吸光度值;激磁时测得的仅为背景吸收的吸光度值。两次测定吸光度之差,就是校正了背景吸收后被测元素的净吸光度值。

塞曼效应校正背景波长范围很宽,可在 190~900 nm 范围内进行;背景校正准确度较高,可校正吸光度高达 1.5~2.0 的背景。但仪器的价格较贵。

3.6　原子荧光光谱法简介

1964 年,Winefordner 首先提出了原子荧光光谱法(Atomic Fluorescence Spectrometry, AFS)。原子荧光光谱法是通过测量原子蒸气在特定波长光激发下所产生的荧光发射强度来测物质含量的一种方法。虽然原子荧光光谱法是一种发射光谱分析法,但它与原子吸收光谱法密切相关,所用仪器也与原子吸收光谱仪相近。原子荧光光谱法是一种新型的痕量分析技术,也是应用光谱学的一个重要研究和应用领域。原子荧光光谱法的主要特点是灵敏度高、谱线简单、线性范围宽、光谱干扰少和可进行多元素同时测定等,因而特别适用于痕量元素分析及多元素的同时测定。但它的应用不如原子发射光谱法和原子吸收光谱法广泛。

3.6.1 基本原理

1.原子荧光的类型

图 3.29 所示为原子荧光的类型。

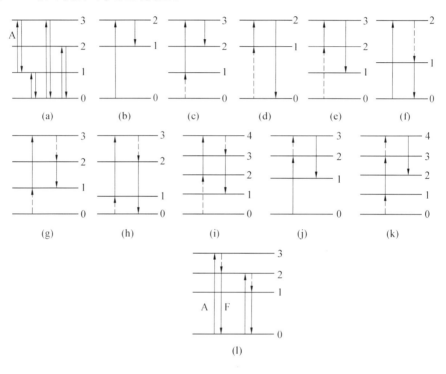

图 3.29 原子荧光的类型

(1)共振荧光。

原子吸收光子后,从低能级跃迁到高能级,并以直接跃迁方式回到较低能级而辐射的光,称为共振荧光。特征是原子被激发和发射所涉及的上下能级都相等,产生过程如图 3.29(a)所示,荧光的波长与入射光的波长相同。

(2)直跃线荧光。

直跃线荧光是受激发的气态原子直接跃迁回至高于基态的亚稳态时所发射的荧光,激发和发射的上能级相同而下能级不同,如图 3.29(b)~(f)所示。如果 $\lambda_{激发} < \lambda_{荧光}$,称为斯托克斯(Stokes)直跃线荧光;如果 $\lambda_{激发} > \lambda_{荧光}$,称为反斯托克斯直跃线荧光。图3.29中,(b)为斯托克斯直跃线荧光;(c)为激发态斯托克斯直跃线荧光;(d)为反斯托克斯直跃线荧光;(e)为激发态反斯托克斯直跃线荧光。

(3)阶跃线荧光。

阶跃线荧光是受激发的气态原子先以非辐射的形式失去部分能量降至较低的激发

态,然后去激发,跃迁回至基态而产生荧光,荧光的上能级与激发的上能级不同。如图3.29(f)～(k)所示,阶跃线荧光在激发和去激发过程中高能级不同,(f)为斯托克斯阶跃线荧光;(g)为激发态斯托克斯阶跃线荧光;(h)为反斯托克斯阶跃线荧光;(i)为激发态反斯托克斯阶跃线荧光;(j)为热助斯托克斯或热助反斯托克斯阶跃线荧光;(k)为激发态热助斯托克斯或热助反斯托克斯阶跃线荧光。

(4)敏化荧光。

A 原子被光激发到激发态后,并非发出荧光回到基态,而是与 B 原子发生非弹性碰撞,将激发能转移给 B 原子,并使其激发,B 原子随后发射的荧光称为敏化荧光,如图3.29(l)所示。这一过程可表示为

$$A + h\nu \Longrightarrow A^*$$
$$A^* + B \Longrightarrow B^* + A$$
$$B^* \Longrightarrow B + h\nu$$

共振荧光最强,分析时常用。敏化荧光很少用于分析。

2. 原子荧光的定量分析原理

原子荧光强度 I_F 与吸收光的强度 I_A 成正比,即

$$I_F = \phi I_A$$

式中,ϕ 是荧光过程的量子效率,其定义为

$$\phi = \frac{\phi_F}{\phi_A} \tag{3.19}$$

式中,ϕ_F 为单位时间发射的荧光光子数;ϕ_A 为单位时间吸收激发的光子数。在一般情况下荧光量子效率小于1。

根据朗伯－比尔定律,可得

$$I_F = \phi A I_0 (1 - e^{-\varepsilon L N}) \tag{3.20}$$

式中,I_0 为原子化器内单位面积上接受的光源辐射强度;A 为光源照射在检测系统的有效面积;ε 为峰值吸收系数;L 为吸收光程长;N 为单位面积内的基态原子数。

将式(3.20)的指数项按泰勒级数展开,高次项忽略,可得

$$I_F = \phi A I_0 \varepsilon L N \tag{3.21}$$

当实验条件一定时,试液中待测元素的浓度 c 与原子蒸气中基态原子浓度 N 成正比,即

$$N = ac \tag{3.22}$$

将式(3.22)代入式(3.21)得到

$$I_F = \phi A I_0 \varepsilon L a c \tag{3.23}$$

实验条件一定时,ϕ、A、I_0、ε、L 和 a 均可视为常数,则原子荧光强度与试液中待测元素的浓度成正比,即

$$I_F = Kc \tag{3.24}$$

式中,K 为常数。此公式为原子荧光光谱法定量分析的基本关系式。

由关系式(3.23)可知如下结论。

①荧光强度随激发光源强度的增加而增高,因而用强光源可提高灵敏度,降低检

出限。

②延长吸收光程,可提高灵敏度。

③关系式只有在待测元素浓度较低时才成立,高浓度时 I_F 与 c 的关系为非线性,所以原子荧光光谱法特别适用于痕量元素测定。

④量子效率随火焰温度和火焰组成而变化,因此必须严格控制这些因素。

3. 原子荧光的猝灭

处于激发态的原子寿命是十分短暂的。当它从高能级阶跃到低能级时原子将发出荧光。除此之外,处于激发态的原子也可能在原子化器中与其他分子、原子或电子发生非弹性碰撞而丧失其能量。在这种情况下,荧光将减弱或完全不产生,这种现象称为荧光的猝灭。荧光猝灭有下列几种类型。

(1)与自由原子碰撞。

$$M^* + X \longrightarrow M + X$$

式中,M^* 为激发原子;X 和 M 为中性原子。

(2)与分子碰撞。

$$M^* + AB \longrightarrow M + AB$$

这是形成荧光猝灭的主要原因。AB 可能是火焰的燃烧产物。

(3)与电子碰撞。

$$M^* + e \longrightarrow M + e$$

此反应主要发生在离子焰中。

(4)与自由原子碰撞后,形成不同激发态。

$$M^* + A \longrightarrow M^\times + A$$

式中,M^*、$M^\times$ 为原子 M 的不同激发态。

(5)与分子碰撞后,形成不同的激发态。

$$M^* + AB \longrightarrow M^\times + AB$$

(6)化学猝灭反应。

$$M^* + AB \longrightarrow M + A + B$$

式中,A、B 为火焰中存在的分子或稳定的游离基。

上述荧光猝灭过程将导致荧光量子效率降低,荧光强度减弱,因而严重影响原子荧光分析。为了减小猝灭的影响,应当尽量降低原子化器中猝灭粒子的浓度,特别是猝灭截面大的粒子浓度。另外,还要注意减少原子蒸气中二氧化碳、氮和氧等气体的浓度。

3.6.2　仪器装置

原子荧光光谱仪的组成与原子吸收分光光度计相似,由光源、原子化器、分光系统及检测系统 4 部分组成,如图 3.30 所示。

原子荧光光谱仪的结构特点如下。

①对于原子荧光光谱仪,光源、原子化器与分光系统不在一条直线上。原子荧光光谱仪的光源、原子化器与分光系统一般成直角配置,这主要是为了避免光源对检测原子荧光信号的影响。而原子吸收光谱仪的光源、原子化器与分光系统在一条直线上。

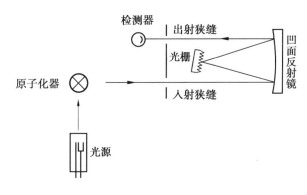

图 3.30 原子荧光光谱仪示意图

②光源应具有更高的发光强度和稳定性。原子荧光的强度与照射的激发光强度成正比,因此仪器需要使用高强度的光源,如高强度空心阴极灯和无极放电灯,以增强荧光信号,提高灵敏度。

③原子荧光光谱仪对分光系统的要求不高,甚至可不用光栅,而用非色散型滤光片。这是因为在原子光谱分析中,光谱干扰从大到小的顺序为:原子发射光谱法、原子吸收光谱法、原子荧光光谱法。所以,原子荧光对分光系统的要求不像原子吸收光谱法和原子发射光谱法那样高。

3.6.3 干扰因素及消除

原子荧光光谱法的干扰与其他原子光谱法基本相同,只是程度上有差别。主要干扰有光谱干扰、物理干扰、化学干扰。

1. 光谱干扰及其消除

由光源或原子化器的有害辐射造成的谱线重叠等干扰都属于光谱干扰。当待测元素荧光谱线波长与其他谱线波长相差在 0.03 nm 以内,就会产生谱线重叠干扰。

各种光源中,因激光光源的谱带宽很窄,光谱干扰最小。各种空心阴极灯,由于金属和所充惰性气体不纯而产生杂质光谱线造成光谱干扰。

谱线重叠的干扰,可以选择不同谱线及合适光源,或者调节单色仪的光谱通带及窄带干涉滤光器来消除干扰,亦可以用化学法预先分离干扰元素消除干扰。

由于分子带吸收干扰原子吸收分析,这种吸收消耗部分辐射能,因此,在原子荧光分析中同样也存在一定程度的干扰。

非挥发性的气溶胶颗粒产生的散射光在原子荧光分析中造成背景和连续谱的干扰。其消除办法是在特定实验条件下,确定散射光对荧光信号引起的影响,从总信号测定中加以扣除。

火焰的热发射是另一种光谱干扰。各种火焰的热发射噪声频率大多在 200 Hz 以下,这种噪声在某一光谱范围与分析元素谱线重叠造成干扰。消除的办法是采用调制光源与调制检测系统,调制频率一般在 400 Hz 左右,以交流或相敏放大器进行检测。

2. 物理干扰

物理干扰主要是指雾化—燃烧系统中的某些物理因素对产生荧光的影响。如溶液的提升率、雾化效率和去溶剂速率等,而这些因素与喷入溶液的黏度、表面张力和溶剂的蒸气压有关。它们都影响雾化效果。消除的办法是配制试样溶液与标准溶液具有相同物理性质。

3. 化学干扰

化学干扰一般分为凝聚相干扰和气相干扰两类。凝聚相干扰是指雾化微滴挥发为气态分子前产生的干扰,包括阳离子、阴离子和阴阳离子混合干扰。阳离子与被测元素形成难溶混晶,阴离子与被测元素形成稳定化合物或络合物,使其原子化效率降低。阴阳离子混合干扰,由于它们相互作用变得更加复杂,不易控制。例如在硝酸介质中测铁时,钴、镍、铜的存在严重影响铁的原子化;而在盐酸介质中测定铁,钴、镍、铜则不干扰。气相干扰包括在气相过程中解离、电离干扰、荧光猝灭、化学反应生成难解离氧化物气体分子等的干扰。由于原子荧光分析采用低温火焰,因此,电离干扰不太严重,而解离干扰比较显著。

3.6.4　原子发射光谱法、原子吸收光谱法、原子荧光光谱法的对比

三者从基本原理来看,相同点是:相应能级间的跃迁所得的三种光谱,波长或频率完全相同,而且发射强度、吸收强度、荧光强度与元素性质、谱线特征及外界条件间的依赖关系基本类似。因此,原子发射光谱法中所遇到的问题,在原子吸收光谱法和原子荧光光谱法中也大多同样存在。

三者之间也存在根本区别。

①从三种方法的研究对象来看是有区别的。原子发射光谱法是研究待测元素激发的辐射强度属发射光谱;原子吸收光谱法是研究待测原子蒸气对光源共振线的吸收强度,是属吸收光谱;原子荧光光谱法是研究待测元素受激跃迁所发射的荧光强度,虽然激发方式与发射光谱法不同,但仍然是属发射光谱。原子荧光光谱法既具有原子发射光谱法的特点,又与原子吸收光谱法有许多相似之处,因此,介于两者之间,在某些方面兼具两者的优点。

②谱线数目不同,复杂程度不同,光谱干扰程度也有很大差别。发射光谱谱线多,由谱线重叠引起的光谱干扰较严重。由于基态原子密度较其他能级原子密度大,受激吸收机会占优势,因此原子吸收线多限于一些以基态为低能级的共振吸收线,其谱线数目远比发射线少,谱线重叠引起的光谱干扰也较少。由于只有产生受激吸收之后才能产生荧光,因此荧光谱线大多是强度较大的共振线,其谱线数目更少,相对光谱干扰也少。

③温度变化对原子发射强度、吸收强度、原子荧光强度的影响不同。激发态原子随温度变化是以指数形式变化,而基态原子数由温度变化引起的变化是很小的,实际是接近于恒定值。这是由于参加跃迁的低能级的激发能一般很小(基态激发能等于零),玻耳兹曼因子近似等于1,因此原子吸收强度受原子化温度的影响,比发射光谱受激发温度影响小。原子荧光光谱法与原子吸收光谱法相似。

从分析方法比较三者优劣,一般是通过检出限、精密度、干扰水平、样品消耗量、多种元素同时测定及连续分析的能力、校正曲线的线性范围、操作难易及仪器设备费用高低等方面来评价,原子发射光谱法、原子吸收光谱法、原子荧光光谱法性能比较见表3.9。

表 3.9 原子发射光谱法、原子吸收光谱法、原子荧光光谱法性能比较

比较项目	原子吸收光谱法		原子荧光光谱法		原子发射光谱法	
	火焰	石墨炉	火焰	石墨炉	ICP	直流电弧
检出限	好	很好	好	很好	好	好
精密度	很好	较差	好	较差	很好	差
精准度	很好	差	好	差	很好	很差
样品消耗量	多	极少	多	极少	较少	少
多元素测定能力	差	差	尚好	尚好	很好	尚好
校正曲线线性范围	较窄	较窄	较宽	较宽	宽	较宽
操作简单性	简单	较简单	简单	较简单	较复杂	较复杂
设备费用	较低	较高	较低	较高	高	较高

从表中可以看出,各种方法均有其自身特点和局限性。火焰原子吸收光谱法的主要优点是具有很好的精密度、准确度,以及操作简单;但样品耗量大,多元素同时测定能力较差。石墨炉原子荧光光谱法的主要优点是绝对检出限低,样品耗量少;但准确度较差。ICP发射光谱法的主要优点是精密度和准确度高,多元素同时测定能力强,校准曲线范围宽;但设备昂贵,操作复杂。经典的直流电弧发射光谱法具有多元素同时测定能力,但精密度、准确度都较差。综合判断,可以认为 ICP-AES 和火焰原子吸收法在许多方面占优势,原子荧光光谱法和火焰原子吸收光谱法有很多相似之处,直流电弧原子发射光谱法和石墨炉法的准确度和精密度有待进一步改善。

表 3.10 列出了三种方法检出限的比较。通常直流电弧原子发射光谱法检出限采用固体样品表示,即 ng/g,其他方法采用溶液表示,即 ng/mL。为了便于比较,把前者换算为溶液,并假定溶液中固体浓度为 10 ng/mL,同时把石墨炉法中绝对灵敏度亦换算为相对灵敏度,并假定取样量为 0.1 mL。

从表中看出石墨炉原子吸收光谱法及原子荧光光谱法检出限多在 1.0 ng/mL 以下区域,火焰原子吸收光谱法在 $1\sim10^4$ ng/mL 之间,ICP 原子发射光谱法检出限主要在 $1\sim100$ ng/mL范围,直流电弧原子发射光谱法在 $1\sim10^3$ ng/mL 之间,对于不同的分析方法,所适用元素不尽相同。因此,在实际工作中应该根据元素的光谱化学性质,正常选择适宜的分析方法。

表 3.10　原子吸收光谱法、原子荧光光谱法及原子发射光谱法检出限比较

检出限 /ng·mL^{-1}	原子吸收光谱法		原子荧光光谱法		原子发射光谱法	
	火焰	石墨炉	火焰	石墨炉	ICP	直流电弧
<0.1	—	Zn Cd Ag K Mn Na Mg Ca Al Cu Pb Be Fe Mo Co Sr Yb	—	Cd Mg Ag Ca Tl Fe Pb An Cu	—	—
0.1~1.0	Mg Na Li	As Au Cr Ga Sn Li Ni Sb Sn Te Tl Bi Ba Se Si	Cd Zn	Bi Hg Be Zn Ga	Mg Ca Be Os Sr Lu Ba Mn	Mg Pb Fe Mn Tl
1.0~10	Cu K Zn Ag Be Cd Mn Ni Rb Sr Bi Cr Rh Yb	Rh Y Pt Tm Eu	Ag Cu Ni Mg Au Co Cr	Sb As	Sc Yb Zn Cd Eu Ti Y Fe B V Tm Cu Ho Co Re Cr Ag Zr Mo Dy Er La Ni Gd	Ag Be Cu B Cd Bi Al Cr Hg La Li Na Si
10~100	Au Ba Co Fe Pb Tm Al Eu In Mo Pd Sc Si Sn Tl Er Ho Sb Cs Dy Te Ti V	Ir Ti Dy Er Ho	Fe Mn Pb Pd Tl Bi Sb Te Hg	—	Hf Si Au Al Tb Sn Ta Ir Na Pt Ru W Sb Bi Nb Pr Ge Tl Te Pb Sm C Pd Ga Ce Nd As Rh In Th Se P	Ba Ca Ge Hf In K Ni Pd Rb Sc Sn Ti Yb Zn Cs Co Ga Mo Au Dy Er Eu Ho Lu Sb Tm Sr V
100~1 000	Ga Os Pt Ru Se Y As Ge Hg Lu	Sm	As Ca Sn Se In Ga	—	U Li	Y Pt As Ce Gd Nb Rh Te Zr Nd P Pr Se Sm W Ta Ir Os Re Tb
10^3~10^4 (1~10 μg·mL^{-1})	Ir Nd Re Ta W Zr Gd B Hf La Nb Sm Pr	P Lu Nd Tb Pr La	Rh Ti	—	—	Ru Th U
>10^4 (>10 μg·mL^{-1})	U P	Gd Ce	Zr Al Pt Ir Na Ru	—	Rb K Cs	—

习　题

1.原子吸收光谱法的基本原理是什么？

2.什么是锐线光源？为什么原子吸收光谱要使用锐线光源？

3.原子化器的种类有哪些？与火焰原子化器相比,石墨炉原子化器有哪些优点？

4.简述火焰的类型及其应用？

5.原子吸收光谱法有几种干扰？怎么消除干扰？

6.原子吸收光谱法的背景干扰是怎么产生的？有几种校正背景的方法？其工作原理是什么？

7.原子荧光光谱法的原子荧光是怎样产生的？有几种类型？

8.试比较原子吸收光谱仪与原子荧光光谱仪的异同点？

9.火焰原子吸收光谱法测 Zn 时,单色器的倒线色散率为 $2.0\ nm \cdot mm^{-1}$,出射狭缝与入射狭缝宽度均为 $0.1\ mm$。试计算单色器通带。

10.欲测 K $404.4\ nm$ 的吸收值,为了避免 K $404.7\ nm$ 的干扰,应该选择狭缝宽度为多少？（单色器的倒线色散率为 $2.0\ nm \cdot mm^{-1}$）

11.原子吸收光谱仪测定铍灵敏度时,若配制铍质量浓度为 $2.00\ \mu g \cdot mL^{-1}$ 的水溶液,测得其透光度为 35%,试计算测定铍的灵敏度。

12.用原子吸收光谱法测定铅含量时,以 $0.10\ \mu g \cdot mL^{-1}$ 质量浓度的铅标准溶液测得吸光度为 0.24,连续 11 次测得空白值的标准偏差为 0.012,计算检出限。

13.平行称取两份 $0.500\ g$ 金矿样品,经溶解后,向其中的一份样品加入 $1.00\ mL$ 浓度为 $5.00\ \mu g \cdot mL^{-1}$ 的金标准溶液,然后向每份样品都加入 $5.00\ mL$ 氢溴酸溶液,并加入 $5.00\ mL$ 甲基异丁酮,由于金与溴离子形成配合物而被萃取到有机相中。用原子吸收法分别测得吸光度为 0.37 和 0.22。求样品中金的含量（$\mu g \cdot g^{-1}$）。

14.用原子吸收光谱法测定某溶液中 Cd 的含量时,测得吸光度为 0.141。在 50 mL 这种试液中加入 $1.00\ mL$ 浓度为 $1.00 \times 10^{-3}\ mol \cdot L^{-1}$ 的 Cd 标准溶液后,测得吸光度为 0.235,而在同样条件下,测得蒸馏水的吸光度为 0.010,试求未知液中 Cd 的含量和测定 Cd 的特征浓度。

15.用石墨炉原子吸收光谱法测定食品中稀土元素镧。称取样品 $10.000\ g$,经处理后,稀释至 $100.00\ mL$。取 $10.00\ mL$ 样品溶液放入 $50.00\ mL$ 容量瓶中,稀释至刻度。在另一个 $50.00\ mL$ 容量瓶中,加入 $9.00\ mL$ 样品溶液和 $1.00\ mL\ 10.00\ \mu g \cdot mL^{-1}$ 的标准镧溶液,稀释至刻度。分别测得吸光度为 0.288 和 0.626。计算食品样品中镧的含量。

16.用原子吸收光谱法测定试液中的 Pb,准确移取 50 mL 试液 2 份,用铅空心阴极灯在波长 $283.3\ nm$ 处,测得一份试液的吸光度为 0.325,在另一份试液中加入浓度为 $50.0\ mg \cdot L^{-1}$ 铅标准溶液 $300\ \mu L$,测得吸光度为 0.670,计算试液中铅的浓度（$mg \cdot L^{-1}$）为多少。

17.用原子吸收光谱法测定自来水中的镁。取不同体积镁标准溶液（$1.00\ \mu g \cdot mL^{-1}$）及 $20.00\ mL$ 自来水于 $50.00\ mL$ 容量瓶中,分别加入 5% 锶盐溶液

2.00 mL后,用蒸馏水稀释至刻度。然后与蒸馏水交替进行测量其吸光度。数据见表 3.11,求自来水中镁的含量$(mg \cdot L^{-1})$。

表 3.11 17 题表

序号	1	2	3	4	5	6	7
镁标准溶液体积/mL	0.00	1.00	2.00	3.00	4.00	5.00	自来水样 20.00 mL
吸光度	0.043	0.092	0.140	0.187	0.234	0.234	0.135

18.用原子吸收光谱法测定矿石的钼含量。制备的样品溶液每 100.00 mL 含矿石 1.23 g,而制备的钼标准溶液每 100 mL 含钼 2.00×10^{-3} g,取 10.00 mL 样品溶液于 100.00 mL 容量瓶中,另一个 100.00 mL 容量瓶中加入 10.00 mL 样品溶液和 10.00 mL 钼标准溶液,用水移至刻度后摇匀,测得吸光度分别为 0.421 和 0.863,求矿石中钼的含量。

第 4 章　X 射线荧光光谱法

1895 年，德国物理学家伦琴(Rontgen)在进行阴极射线实验时发现了一种不可见的射线。这种射线可以轻易地穿透许多对可见光不透明的材料，而且具有使某些物质发出可见的荧(磷)光和使照相底片感光等能力。由于当时对于这种射线的本质和属性还了解得很少，伦琴就将其命名为 X 射线，其含义是未知的射线。

X 射线照射物质时，除发生散射、衍射和吸收等现象外，还产生次级 X 射线，即 X 射线荧光。而照射物质的 X 射线，称为初级 X 射线。X 射线荧光的波长取决于吸收初级 X 射线的元素的原子结构。因此，根据 X 射线荧光的波长，就可以确定物质所含元素；根据其强度与元素含量的关系，可以进行元素定量分析。这就是 X 射线荧光光谱法(X-ray Fluoresce Spectrometry，XFS)。

4.1　X 射线概述

本节将介绍有关 X 射线的一些物理性质和现象，X 射线的产生及 X 射线谱。随着人们对 X 射线性质了解的深入，X 射线的应用得到进一步扩大。如 1912 年劳埃(M. Von Laue)发现了晶体对 X 射线的衍射现象，从而可以利用已知晶体的结构来测定 X 射线的波长，或利用已知 X 射线的波长来测定晶体的结构。1913 年莫塞莱(H. G. Moseley)发现 X 射线波长与原子序数的关系后，才发展了 X 射线荧光光谱法。

4.1.1　X 射线的性质

X 射线本质上是一种与可见光相同的波长短、能量高的电磁波，其波长大约为 0.001～10 nm 的电磁波。由各种波长的电磁波构成电磁波谱，电磁波谱的组成部分及波长如图 4.1 所示。

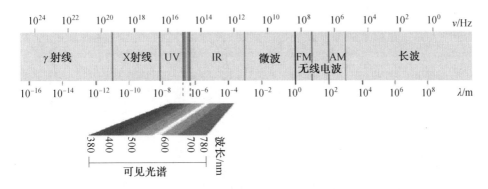

图 4.1　电磁波谱的组成部分及波长

X射线表现为波动与粒子两重性。波动性表现为:具有波长、振幅及衍射现象等。粒子性表现为:可计数的粒子特征,包括光电吸收、气体电离、非相干散射现象等。X射线粒子也称为量子或光子。

X射线的强度:物理学中规定的强度,是指垂直于X射线传播方向的单位面积上在单位时间内所通过的X射线的能量,常用的单位为 $J/(cm^2 \cdot s)$。但是,在X射线光谱分析中,习惯以单位时间内的计数来表示强度。它的本意原是以单位时间内单位面积上通过的X射线光子数表示强度。而这里的单位面积,通常是指探测器的面积,该面积在整个一组的测量中是不变的,因此,在强度单位中不含有面积单位。单位时间通常是秒或分。将垂直于X射线传播方向的单位面积上单位时间内所通过的X射线能量大小,用来表达X射线通过某物质时的穿透能力的大小。

4.1.2 初级X射线的产生

X射线管产生的射线是初级X射线。X射线管由一个加热阴极(钨丝阴极)和一个金属靶材料(Cu、Fe、Cr、Mo)制成的阳极所组成,如图4.2所示。管内抽真空到 $1.3 \times 10^{-4} Pa$。在两极之间加上几万伏的高压,加热阴极产生的电子被加速向阳极靶上撞击,此时电子的运动被突然停止,电子的能量大部分变成热能(金属靶需通入水或油冷却),只有小到1‰的电功率转变成X射线辐射从透射窗射出,即初级X射线。

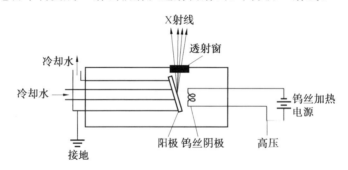

图4.2 X射线管结构示意图

4.1.3 X射线光谱

电子在与原子碰撞时的能量损失是一个随机过程,得到的是具有各种波长的X射线光谱(X—ray spectrum)。X射线光谱可以分为连续光谱和特征(标识)光谱两类。在常规的X射线管中,当所加的管电压低时,只有连续光谱产生;当管电压超过靶材或阳极物质的某一临界数值(激发能)时,即有谱线叠加在连续光谱之上。这种谱线的波长取决于靶材的材质,因而这类谱线也称为特征(标识)光谱。由于这两类光谱的起源不同,它们所遵循的规律和特性也不同。

1. 连续光谱

在X射线管中,加速电压的电场位能转为电子动能,电子被加速。电子所获得的总动能 E_e 为

$$E_e = eU = \frac{1}{2}mv_0^2 \tag{4.1}$$

式中,m 为电子质量;e 为元电荷;U 为加速电压;v_0 为电子到达阳极表面的初速率。

当高速电子轰击靶面时,受到靶材料原子核的库仑力的作用而突然减速,电子周围的电磁场发生急剧的变化。电子的动能部分地变成了 X 射线辐射能,产生具有一定波长的电磁波。由于撞击到阳极上的电子并不都是以同样的方式受到原子核的库仑力作用而被减速的,其中有些电子在一次碰撞中即被制止,从而立刻释放出其所有的能量;另外大多数电子则需碰撞多次才逐次丧失其部分能量,直到完全耗尽为止。钨丝上的电子是以不规则的方向飞出的,各电子与管内残留气体碰撞的机会及消耗的能量也有区别。所以对大量电子来说,其能量损失是一个随机量,从而得到的是具有各种不同能量(波长)的电磁波,组成了连续 X 射线谱。这种高能带电粒子急剧减速时所发生的连续电磁辐射称为轫致辐射,

实验表明,连续光谱的总强度 I_{in} 随着 X 射线管内的电流强度(i/mA),电压(U/kV)和阳极物质或靶材的原子序数(Z)加大而发生变化。图 4.3 所示为 X 射线管电流、电压和靶材的改变对连续光谱的影响示意图。

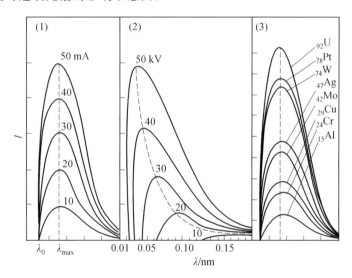

图 4.3 X 射线管电流、电压和靶材的改变对连续光谱的影响

这种总强度 I_{in},即连续区的积分强度或阳极所发生的连续光谱的总能量,其一般表达式为

$$I_{in} = \int_{\lambda_0}^{\infty} I(\lambda)\,\mathrm{d}\lambda \tag{4.2}$$

式中,λ_0 为连续光谱的短波限(short wavelength limit);$I(\lambda)$ 为连续光谱按波长分布的光谱强度。

由以上内容可得出如下结论。

(1)连续光谱的强度变化与管流 i 呈正比。

(2)连续光谱的强度变化还与阳极物质或靶元素的原子序数 Z 近似呈正比。

（3）连续光谱的强度变化强烈地受 X 射线管内电子的加速电压 U 的影响,其表现为当 U 升高时,I_{in} 即迅速增大,连续光谱在其最强谱线的波长(λ_{max})附近强度增加得特别快;λ_0 以及 λ_{max} 逐渐向短波一侧移动。

实验和理论都表明,λ_0 与 X 射线管的加速电压 U 以及 λ_{max} 有以下关系:

$$\lambda_0 = 1\,240/U \tag{4.3}$$

$$\lambda_{max} \approx 3\lambda_0/2 \tag{4.4}$$

上两式中 λ_0 以 nm 为单位,U 以 V(伏)为单位。短波限只与电子的加速电压有关,与靶材料无关。不同的靶材料只要加速电压相同,短波限都相同。

连续光谱的总强度公式为

$$I_{in} = A_i Z U^m \tag{4.5}$$

式中,A 为比率常数;m 一般为 2。

式(4.5)指出,连续光谱的总强度随 U、i、Z 的增大而增高,其中 U 的影响为最大。如需要较大强度的 X 射线,靶材料要用原子序数大的重金属、较大的 X 射线管电流 i 及尽可能高的 X 射线管电压。在 X 射线荧光分析中,一般以连续 X 射线作为激发源。这是因为它的强度存在连续分布的形式,适合于周期表上所有元素的各个谱系的激发。

2. 特征光谱

当 X 射线管压升高到一定的临界值时,高速运动的电子的动能足以激发靶原子的内部壳层的电子,使其跳到能级较高的未被电子填满的外部壳层或离开体系而使原子电离。这时原子中的某个内部壳层即出现了空位,同时体系的能量升高处于不稳定的激发态或电离态;随后即发生外层电子自高能态向低能态的跃迁,使整个原子体系的能量降低到最低而重新回到了稳定态。原子在发生电子跃迁的同时,将辐射出带有一定频率或能量的特征谱线。特征谱线的频率大小取决于电子在始态和终态的能量差,其能量一般表达式为

$$h\nu_{n_1 \to n_2} = E_{n_1} - E_{n_2} = \Delta E_{n_1 \to n_2} \tag{4.6}$$

特征谱线的频率为

$$\nu_{n_1 \to n_2} = \frac{E_{n_1} - E_{n_2}}{h} = cR\,(Z-\sigma)^2 \left(\frac{1}{n_2^2} - \frac{1}{n_1^2}\right) \tag{4.7}$$

式中,$R = 1.097 \times 10^7$ m^{-1},称为 Rydberg 常数;σ 为核外电子对核电荷的屏蔽常数;n_1 和 n_2 分别为电子在始态和终态时所属的电子壳层数;E_{n_1} 和 E_{n_2} 为其对应的能级能量;c 为光速。

如果原子最内层(即 K 层,$n=1$)的一个电子被逐出至外部壳层,由其他外层电子跃迁至 K 层空位,同时辐射出 X 射线,称为 K 系特征 X 射线。由 $n=2$ 的 L 层的一个电子跃入填补时,产生 K_α 辐射。此时 $n_1=2$,$n_2=1$,根据式(4.7),其频率和波长分别为

$$\nu_{K_\alpha} = \frac{3}{4}cR\,(Z-\sigma)^2 \tag{4.8}$$

$$\lambda_{K_\alpha} = \frac{c}{\nu_{K_\alpha}} = \frac{4}{3R\,(Z-\sigma)^2} \tag{4.9}$$

如果电子由 M 层($n=3$)跃入 K 层,则产生 K_β 射线;由 N 层跃到 K 层的,称 K_γ 射线

等。同样,由较外层电子跃到L层、M层和N层而辐射的X射线则称为L系、M系和N系特征X射线。通常用K,L,M,N,⋯ 表示主量子数 $n=1,2,3,4,\cdots$ 的电子轨道的能级,根据电子跃迁的起始和终止能级可将特征X射线光谱分为多个系列,如图4.4所示。

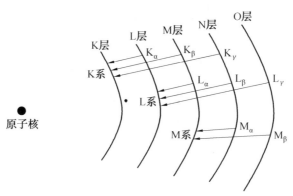

图4.4   特征X射线光谱系列示意图

由于电子轨道和自旋运动耦合,产生能级分裂,因此X射线还有精细结构,图4.5所示为钼的特征X射线谱。

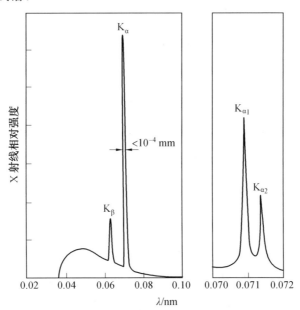

图4.5   钼的特征X射线谱

特征X射线光谱是具有一定波长而不连续的线状光谱,称为单色X射线。因为它来自原子内层电子跃迁,其波长随着元素原子序数的增加有规律地向波长变短方向移动。莫斯莱(Moseley)根据谱线移动规律,建立X射线波长与元素原子序数关系的定律,即Moseley定律,表示为

$$\left(\frac{1}{\lambda}\right)^{1/2}=K(Z-S) \tag{4.10}$$

式中,K、S 为常数,随不同线系(K、L)而定;Z 为原子序数。图 4.6 所示为一些主要谱线的 Moseley 曲线,图中的曲线是线性的,只是在高原子序数处,电子的屏蔽作用使 K 发生变化,导致曲线发生微小的偏差。

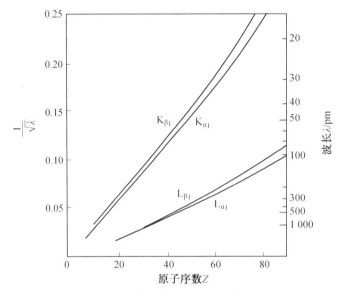

图 4.6 X 射线的 Moseley 定律图解

特征 X 射线的产生,也要符合一定的选择定则。

① 主量子数,$\Delta n \neq 0$。

② 角量子数,$\Delta L = \pm 1$。

③ 内量子数 $\Delta J = \pm 1$ 或 $0(0 \rightarrow 0$ 除外)。内量子数是角量子数 L 与自旋量子数 S 的矢量和,例如 $L = 1$,$S = 1/2$ 时,J 值可取 $1/2$ 和 $3/2$;$L = 2$,$S = 1/2$ 时,J 值可取 $3/2$ 和 $5/2$。

不符合上述选择定则的谱线称为禁阻谱线。特征 X 射线的产生及其相应的线系,可用能级图加以说明,如图 4.7 所示。

4.1.4 X 射线的吸收、散射和衍射

1. X 射线的吸收

当一束 X 射线穿过某种物质时,物质原子会对 X 射线产生吸收,形成相应的 X 射线吸收光谱。与其他类型的电磁辐射相似,在不考虑散射影响的情况下,比尔定律同样适用于 X 射线吸收,即

$$\ln \frac{I_0}{I} = \mu \rho l \tag{4.11}$$

式中,I_0 与 I 分别为穿过样品前后特定波长的 X 射线强度;μ 为质量吸收系数,单位为 $cm^2 \cdot g^{-1}$,它只与产生 X 射线吸收的元素类型有关,与元素的物理形态和化学状态无关;ρ 为样品密度,单位为 $g \cdot cm^{-3}$;l 为样品厚度(单位为 cm)。

原子对特定能量 X 射线光子的吸收可导致其内层轨道的某个电子被激发,使该电子跃迁至未被电子填满的高能级轨道或离开原子,从而在原子内层电子轨道上产生一个空

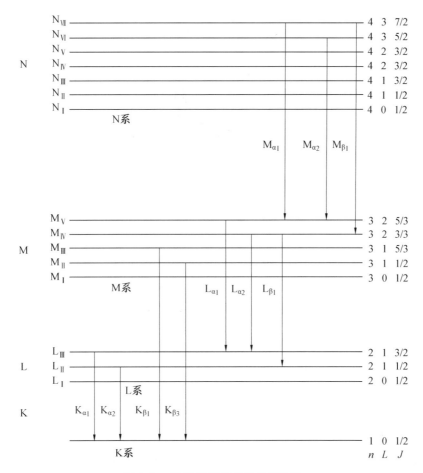

图 4.7 特征 X 射线的部分能级图

穴(空轨道)。根据量子理论,当入射 X 射线的光子能量恰好能激发原子内层电子时,原子对入射 X 射线光子的吸收概率较大。

图 4.8 所示为铅元素的 X 射线吸收光谱。在第一个吸收峰 K 处(波长为 0.014 nm),X 射线光子能量恰好能将铅原子的 K 电子激发;低于该波长的 X 射线光子与铅原子 K 电子间的相互作用概率减少,表现为吸收系数缓慢下降;超过该波长的 X 射线光子能量不足以激发铅原子 K 电子,表现为吸收系数突然下降,具有明显的不连续性。通常将 X 射线吸收光谱中波长稍长于吸收极大波长处的吸收系数明显不连续的现象称为吸收限或吸收边。由于铅原子的 L 能级具有 3 个支能级,因此在该能级处有 L_I,L_{II} 和 L_{III} 共 3 个吸收限。电子被激发前的轨道能级越低,激发所需 X 射线光子的能量越高,吸收限的波长越短。

2. X 射线散射

对于 X 射线通过物质时的衰减现象来说,波长较长的 X 射线和原子序数较大的散射体的散射作用与吸收作用相比,常常可以忽略不计。但是对于轻元素的散射体和波长很短的 X 射线,散射作用就十分显著。X 射线射到晶体上时,使晶体原子的电子和核也随 X 射线电磁波的振动周期而振动。由于原子核的质量比电子大得多,其振动忽略不计,主要

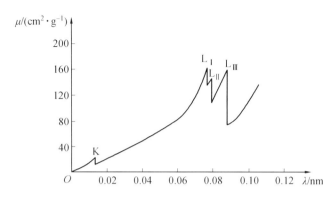

图 4.8　铅元素 X 射线吸收光谱

考虑电子的振动。根据 X 光子的能量大小和原子内电子结合能的不同（即原子序数 Z 的大小）可以分为相干散射和非相干散射。

（1）相干散射。

相干散射也称瑞利（Rayleigh）散射或弹性散射。是由能量较小、波长较长的 X 射线与原子中束缚较紧的电子（Z 较大）发生弹性碰撞的结果，迫使电子随入射 X 射线电磁波的周期性变化的电磁场而振动，并成为辐射电磁波的波源。由于电子受迫振动的频率与入射的振动频率一致，因此从这个电子辐射出来的散射 X 射线的频率和相位与入射 X 射线相同，只是方向有了改变，元素的原子序数越大，相干散射作用也越大。入射 X 射线在物质中遇到的所有电子，构成了一群可以相干的波源，且 X 射线的波长与原子间的间距具有相同的数量级，所以实验上即可观察到散射干涉现象。这种相干散射现象，是 X 射线在晶体中产生衍射现象的物理基础。

（2）非相干散射。

非相干散射也称康普顿（Compton）散射或非弹性散射。这种散射现象称为康普顿—吴有训效应。非相干散射是能量较大的 X 射线或 γ 射线光子与结合能较小的电子或自由电子发生非弹性碰撞的结果，如图 4.9 所示。碰撞后，X 光子把部分能量传给电子变为电子的动能，电子从与入射 X 射线成 φ 角的方向射出（反冲电子），且 X 光子的波长变长，朝着与自己原来运动的方向成 θ 角的方向散射。由于散射光波长各不相同，两个散射波的相位之间互相没有关系，因此不会引起干涉作用而产生衍射现象，称为非相干散射。实验表明，这种波长的改变 $\Delta\lambda$ 与散射角 θ 之间有如下关系：

$$\Delta\lambda = \lambda' - \lambda = K(1 - \cos\theta) \qquad (4.12)$$

式中，λ 与 λ' 分别为入射 X 射线与非相干散射 X 射线的波长；K 为与散射体的本质和入射线波长有关的常数。

元素的原子序数越小，非相干散射越大，结果在衍射图上形成连续背景。一些超轻元素（如 N、C、O 等元素）的非相干散射是主要的，这也是轻元素不易分析的一个原因。

3. X 射线衍射

X 射线的电矢量可与物质原子中被原子核束缚的电子发生相互作用，产生 X 线散射。物质原子的序数越大，电子越多，对 X 射线的散射能力就越强。由于相互作用前后

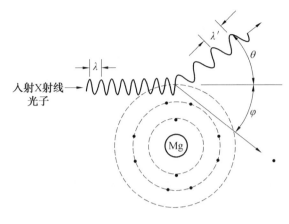

图 4.9 非相干散射示意图

的 X 射线光子能量不变,故所发生的散射过程被称为弹性散射或瑞利散射。当 X 射线以一定的角度照射到晶格间距与 X 射线波长数量级相同或相近的晶体表面时,晶体所具有的有序点阵结构可使其散射的 X 射线产生干涉现象,包括相长干涉和相消干涉。晶体对 X 射线的散射和干涉叠加后即形成了对 X 射线的衍射。如图 4.10 所示,X 射线以掠射角 θ(入射角的余角)照射晶格间距为 d 的晶体,照射到原子 O、E 和 F 的 X 射线光程依次相差 $d \sin \theta$;同样,被原子 O、E 和 F 散射后的 X 射线光程也依次相差 $d \sin \theta$。如果被相邻晶格中原子散射前后的 X 射线光程差之和为 X 射线波长 λ 的整数倍,即

$$2d \sin \theta = n\lambda \tag{4.13}$$

式中,n 为衍射级数值为 $0,1,2,3,\cdots$;θ 为掠射角;d 为晶面间距。

散射后的 X 射线将发生相长干涉,而以其他掠射角入射的相同波长 X 射线将发生相消干涉。式(4.13)为布拉格(Bragg)衍射方程。

因为 $|\sin \theta| \leqslant l$,所以当 $n=1$ 时,$\lambda/2d = |\sin \theta| \leqslant l$,即 $\lambda \leqslant 2d$。这表明,只有当入射 X 射线波长小于等于 2 倍晶面间距时,才能产生衍射。

在实际工作中,Bragg 方程式有以下两个重要作用。

①已知 X 射线波长 λ,测 θ 角,从而计算晶面间距 d。这是 X 射线结构分析。

②用已知 d 的晶体,测 θ 角,从而计算出特征辐射波长 λ,再进一步查出样品中所含元素。这是 X 射线荧光光谱法。

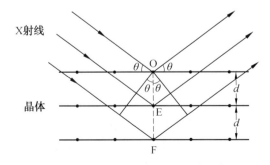

图 4.10 晶体对 X 射线的衍射示意图

4.2 X射线荧光光谱法概述

当用X射线照射物质时,除了发生吸收和散射现象外,还能产生X射线荧光,它们在物质结构和组成的研究方面有着广泛的用途。但对成分分析来说,X射线荧光光谱法的应用最为广泛。X射线荧光光谱法,同物理上的其他荧光光谱法含义相类似。

①必须有激发源。

②当激发源离去,荧光随即消失。

在X射线荧光光谱法中,用X射线作为激发源激发样品,它是一种非破坏性的仪器分析方法。

4.2.1 X射线荧光的原理

1. X射线荧光的产生

X射线荧光产生机理与特征X射线相同,只是采用X射线为激发源。所以X射线荧光只包含特征谱线,而没有连续谱线。X射线激发电子弛豫过程示意图如图4.11所示,当入射X射线使K层(原子最内层)电子激发生成光电子后,L层电子跃迁至K层空穴,以辐射形式释放出能量$\Delta E = E_K - E_L$,产生K_α射线,这就是X射线荧光。只有当初级X射线的能量稍大于分析物质原子内层电子的能量时,才能击出相应的电子,因此X射线荧光波长总比相应的初级X射线的波长要长一些。

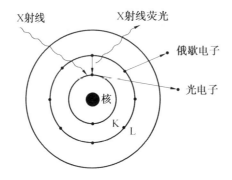

图4.11 X射线激发电子弛豫过程示意图

2. 俄歇(Auger)效应

原子中的内层电子被电离后出现一个空穴,外层电子向内层跃迁时所释放的能量,也可能被原子内部吸收后激发出较外层的另一电子,这种现象称为俄歇效应。后来逐出的较外层的电子,相对于原先从内层逐出的第一个光电子,称为次级光电子或俄歇电子,如图4.11所示。各元素的俄歇电子能量都有固定值,在此基础上建立了俄歇电子能谱法。

原子在X射线激发的情况下,所发生的俄歇效应和荧光辐射是两种互相竞争的过程。对一个原子来说,激发态原子在弛豫过程中释放的能量只能用于一种发射,或者发射X射线荧光,或者发射俄歇电子。

X射线光子的能量或俄歇电子的能量都是待测元素的特征量。俄歇效应可用两种方法来考虑,下面讨论这样一个原子,由它的一个L层电子填充K壳层空位,并使另一个L层电子发生俄歇效应。可以假设,原子以发射另一个L层电子的形式释放出L→K壳层电子跃迁能量,或者假设L→K壳层的电子跃迁按通常方式产生K_α光子,不过在这个过程中,光子不能离开产生它的原子,而是在原子内部被吸收,结果进出另一个L层电子,这个过程如图4.11所示。轻元素更易于产生俄歇效应,因为电子结合较松弛,特征光子更容易被吸收。

3. 荧光产额

由于俄歇效应的存在导致一定线系的X射线谱线的强度减弱,因此,在X射线荧光光谱中就存在荧光产额(ω,fluorescence yield)(或特征光子产额)的问题。例如,K荧光产额(或称K特征光子产额)ω_K,本书仅讨论K荧光产额,L和M荧光产额的ω_L、ω_M定义与此相似。

单位时间内发出的K系谱线的全部光子数除以同一期间内形成的K壳层空穴数之值称为K荧光产额,即

$$\omega_K = \frac{\sum (n_K)_i}{N_K} = \frac{n_{Ka1} + n_{Ka2} + n_{Ka3} + \cdots}{N_K} \tag{4.14}$$

式中,ω_K是K荧光产额;N_K是产生K壳层空穴的数目;$\sum (n_K)_i$是特征线i的光子发射数目。荧光产额ω随原子序数和线系而变化,如图4.12所示。荧光产额近似为

$$\omega = Z^4 / (A + Z^4) \tag{4.15}$$

式中,Z为原子序数;A为常数,对于K系和L系X射线分别为10^6和10^8。X射线荧光分析法多采用K系和L系荧光,其他系则较少被采用。

由图4.12和式(4.15)可知,原子序数越低,荧光产额越小。因此,X射线荧光光谱对于某些轻元素(原子序数低于11)的分析是比较困难的。

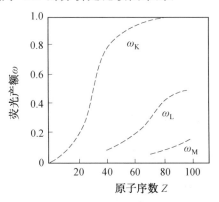

图4.12 K、L能级和M能级的荧光产额

4.2.2 定性分析

从Moseley定律可知,分析元素产生的X射线荧光的波长λ,与其原子序数Z具有一一对应的关系,这就是X射线荧光定性分析的基础。对于波长色散谱,根据选用的分光晶

体（d 已知）与实测的 2θ 角，用 Bragg 公式计算出波长，然后查 λ－2θ 表或 2θ－λ 表。这里 λ－2θ 表按原子序数的增加排列，2θ－λ 表按波长和 2θ 增加的顺序排列。在能量色散谱中，可从能谱图上直接读出峰的能量，再查阅能量表即可。

目前早已开发出定性分析的计算机软件，可自动对扫描谱图进行搜索和匹配，从 X 射线荧光谱线数据库中进行配对，以确定是何种元素的哪条谱线。

4.2.3　定量分析

定量分析的依据是 X 射线荧光的强度与含量成正比。

1. 定量分析的影响因素

（1）基体效应。

样品中除分析元素外的主量元素为基体。基体效应是指样品的基本化学组成和物理、化学状态的变化，对分析线强度的影响。X 射线荧光不仅由样品表面的原子所产生，也可由表面以下的原子所发射。因为无论入射的初级 X 射线或者是试样发出的 X 射线荧光，都有一部分要通过一定厚度的样品层。这一过程将产生基体对入射 X 射线及 X 射线荧光的吸收，导致 X 射线荧光的减弱。反之，基体在入射 X 射线的照射下也可能产生 X 射线荧光，若其波长恰好在分析元素短波长吸收限，将引起分析元素附加的 X 射线荧光的发射而使 X 射线荧光的强度增强。因此，基体效应一般表现为吸收和激发效应。

基体效应的克服方法有：稀释法，以轻元素为稀释物可减小基体效应；薄膜样品法，将样品做得很薄，则吸收、激发效应可忽略；内标法，在一定程度上也能消除基体效应。

（2）粒度效应。

X 射线荧光强度与颗粒大小有关：大颗粒吸收大；颗粒越细，被照射的总面积越大，荧光越强，另外表面粗糙不匀也有影响。在分析时常需将样品磨细，粉末样品要压实，块状样品表面要抛光。

（3）谱线干扰。

在 K 系特征谱线中，Z 元素的 K_β 线有时与 Z+1、Z+2、Z+3 元素的 K_α 线靠近。例如，$_{23}$V 的 K_β 线与 $_{24}$Cr 的 K_α 线，$_{48}$Cd 的 K_β 线与 $_{51}$Sb 的 K_α 线之间部分重叠，As 的 K_α 线和 Pb 的 K_α 线重叠。另外，还有来自不同衍射级次的衍射线之间的干扰。

克服谱线干扰的方法有以下几种：选择无干扰的谱线；降低电压至干扰元素激发电压以下，防止产生干扰元素的谱线；选择适当的分析晶体、计数管、准直器或冲脉高度分析器，提高分辨本领；在分析晶体与检测器间放置滤光片，滤去干扰谱线等。

2. 定量分析方法

（1）校准曲线法。

配制一套基体成分和物理性质与试样相近的标准样品，做出分析线强度与含量关系的校准曲线，如图 4.13 所示；再在同样的工作条件下测定试样中待测元素的分析线强度，由校准曲线上查出待测元素的含量。

校准曲线法的特点是简便，但要求标准样品的主要成分与待测试样的成分一致。对于测定二元组分或杂质的含量，还能做到这一点；但对多元组分试样中主要成分含量的测

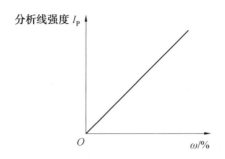

图 4.13　分析线强度与含量关系的校准曲线

定,一般采用稀释法。即用稀释剂使标样和试样稀释比例相同,得到的新样品中稀释剂成为主要成分,分析元素成为杂质,就可以用校准曲线法进行测定。

(2)内标法。

在分析样品和标准样品中分别加入一定量的内标元素,然后测定各样品中分析线与内标线的强度 I_L 和 I_I,以 I_L / I_I 对分析元素的含量作图,得到内标法校准曲线。由校准曲线求得分析样品中分析元素的含量。内标元素的选择原则:试样中不含该内标元素;内标元素与分析元素的激发、吸收等性质要尽量相似,它们的原子序数相近,一般在 $Z\pm2$ 范围内选择;对于 $Z<23$ 的轻元素,可在 $Z\pm1$ 的范围内选择;两种元素之间没有相互作用。

(3)增量法。

先将试样分成若干份,其中一份不加待测元素,其他各份分别加入不同质量分数(约 $1\sim3$ 倍)的待测元素,然后分别测定分析线强度,以加入的质量分数为横坐标、强度为纵坐标绘制校准曲线。当待测元素含量较小时,校准曲线近似为一直线。将直线外推与横坐标相交,交点坐标的绝对值即为待测元素的质量分数。作图时,应对分析线的强度做背景校正。

(4)数学方法。

上述方法是在 X 射线荧光分析中一般常用的方法。为了提高定量分析的精度,已发展了直接数学计算方法。由于计算机软件的开发,这些复杂的数学处理方法已变得十分迅速而简便了。这类方法主要有经验系数法和基本参数法,此外还有多重回归法及有效波长法等。这些方法发展很快,可以预计,它们将成为 X 射线荧光光谱法的主要方法。

4.3　X 射线荧光光谱法的仪器

根据分光原理,X 射线荧光光谱仪可分为两类:波长色散型(晶体分光)和能量色散型(高分辨率半导体探测器分光)。

4.3.1　波长色散型 X 射线荧光光谱仪

波长色散型 X 射线荧光光谱仪由 X 光源(图中的 X 光管)、分光晶体,以及检测和记录系统三个主要部分构成,它们分别起激发、色散、探测和显示的作用,如图 4.14 所示。

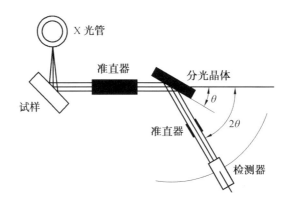

图 4.14　波长色散型 X 射线荧光光谱仪

由 X 光管中射出的 X 射线,照射在试样上,所产生的荧光将向多个方向发射。其中一部分荧光通过准直器之后成为平行光束,再照射到分光晶体(或分析晶体)上。晶体将入射荧光束按 Bragg 方程式进行色散。通常测量的是第一级光谱($n=1$),因为其强度最大。检测器置于角度为 2θ 位置处,它正好对准入射角为 θ 的光线。将分光晶体与检测器同步转动,以这种方式进行扫描,可得到以光强与 2θ 表示的荧光光谱图。图 4.15 所示为一种高温合金的 X 射线荧光光谱。

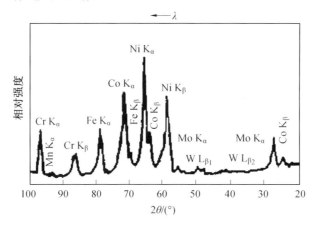

图 4.15　一种高温合金的 X 射线荧光光谱

1. X 射线光源

X 射线管所发生的一次 X 射线的连续光谱和特征光谱是 X 射线荧光分析中常用的光源。初级 X 射线的波长应稍短于受激元素的吸收限,使能量最有效地激发分析元素的特征谱线。一般分析重元素时靶材选钨靶,分析轻元素用铬靶。靶材的原子序数越大,X 光管的管压(一般为 50~100 kV)越高,则连续谱强度越大。

常用的靶材及适合的分析元素范围见表 4.1。

表 4.1　常用的靶材及适合的分析元素范围

靶材	分析元素范围	使用谱线	靶材	分析元素范围	使用谱线
W	$<_{32}$Ge	K	Cr	$<_{23}$V 或 $_{22}$Ti	K
	$<_{77}$Ir	L		$<_{58}$Ce	L
Mo	$_{32}$Ge$\sim_{41}$Nb	K	Rh,Ag	$<_{17}$Cl 或 $_{16}$S	K
	$_{76}$Os$\sim_{92}$U	L			
Pt	同 W 靶的元素	—		—	
Au	$_{72}$Hf$\sim_{77}$Ir	L	W$-$Cr	W$>_{22}$Ti 或 $_{23}$V 或 同 Cr 靶的轻元素	

2. 晶体分光器

　　X 射线的分光主要利用晶体的衍射作用,因为晶体质点之间的距离与 X 射线波长同属一个数量级,可使不同波长的 X 射线荧光色散,然后选择被测元素的特征 X 射线荧光进行测定。整个分光系统采用真空(13.3 Pa)密封。常用的分光晶体材料见表 4.2。

表 4.2　常用的分光晶体材料

名称	$2d$/nm	测定元素
LiF(422)	0.162 5	$_{87}$Fr$\sim_{29}$Cu
(420)	0.180	$_{84}$Po$\sim_{28}$Ni
(200)	0.402 7	$_{58}$Ce$\sim_{19}$K
ADP(112)(磷酸二氢铵)	0.614	$_{48}$Cd$\sim_{16}$S
Ge	0.653 2	$_{46}$Pd$\sim_{15}$P
PET(002)(异戊四醇)	0.874 2	$_{40}$Zr$\sim_{13}$Al
EDDT(020)(右旋—酒石酸乙二胺)	0.880 8	$_{41}$Nb$\sim_{13}$Al
LOD(硬脂酸铅)	10.04	$_{12}$Mg$\sim_{5}$B

　　晶体分光器分为平面晶体分光器和弯面晶体分光器两种。

　　(1)平面晶体分光器。

　　平面晶体分光器种分光器的分光晶体是平面的。当一束平行的 X 射线投射到晶体上时,从晶体表面的反射方向可以观测到波长为 $\lambda=2d\sin\theta$ 的一级衍射线,以及波长为 $\lambda/2$、$\lambda/3$ 的高级衍射线。平面晶体反射 X 射线的示意图与图 4.11 相似。

　　为使发散的 X 射线平行地投到分光晶体上,常使用准直器。准直器是由一系列间隔很小的金属片或金属板平行地排列而成。增加准直器的长度、缩小片间距可以提高分辨率,但强度往往会降低。

　　(2)弯面晶体分光器。

　　这种分光器的分光晶体的点阵面被弯成曲率半径为 $2R$ 的圆弧形,它的入射表面研磨成曲率半行为 R 的圆弧。第一狭缝(入射)、第二狭缝(出射)和分光晶体放在半径为 R 的圆周(又称聚焦圆)上,并使晶体表面与圆周相切,两狭缝到分光晶体中心的距离相等。

试样置于聚焦圆外靠近第一狭缝处,检测器与第二狭缝相连。其示意图如图 4.16 所示。

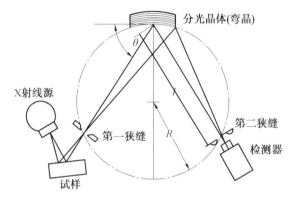

图 4.16 弯面晶体 X 射线荧光光谱仪示意图

测定时,入射狭缝的位置不变,分光晶体与出射狭缝及与其相连的检测器均沿聚焦圆运动,但出射狭缝与检测器的运动速度是分光晶体的 2 倍,以保证 θ 与 2θ 的关系,并满足 Bragg 衍射条件。同时还须保持检测器的窗口始终对准分光晶体的中心。

弯面晶体色散法是一种强聚焦的色散方法。它的曲率能使从试样不同点上(或同一点的侧向)发散的同一波长的谱线,由第一狭缝射向弯晶面上各点时,它们的掠射角都相同。继而这些波长和掠射角均相等的衍射线又重新会聚于第二狭缝处被检测,从而增强了衍射线的强度。

从表 4.2 可以看出 ,没有一种晶体可以同时适用于所有元素的测定,因此波长色散 X 射线荧光光谱仪一般必须有几块可以互换的分光晶体。

3. 检测器

X 射线检测器是用来接收 X 射线,并把它转化为可测量或可观察的量,如可见光、电脉冲等。然后再通过电子测量装置,对这些量进行测量。X 射线荧光光谱仪中常用的检测器有正比计数器、闪烁计数器和半导体计数器 3 种。

(1)正比计数器。

正比计数器是一种充气型检测器,利用 X 射线能使气体电离的作用,使辐射能转变为电能而进行测量,其结构示意图如图 4.17 所示。它的外壳为圆柱形金属壁,管内充有工作气体(Ar 、Kr 等惰性气体)和抑制气体(甲烷、乙醇等)的混合气体。在一定的电压下,进入检测器的 X 射线光子轰击工作气体使之电离,产生离子-电子对。一个 X 光子产生的离子-电子对的数目,与光子的能量呈正比,与工作气体的电离能呈反比。作为工作气体的氩原子,其电离后,正离子被引向管壳,电子飞向中心阳极。电子在向阳极移动的过程中被高压加速,获得足够的能量,又可使其他氩原子电离。由初级电离的电子引起多级电离现象,在瞬间发生"雪崩"放大,一个电子引发 $10^3 \sim 10^5$ 个电子。这种放电过程发生在 X 射线光子被吸收后大约 $0.1 \sim 0.2~\mu s$ 的时间内。在这样短的时间内,有大量的雪崩放电冲击中心阳极,使瞬时电流突然增大,高压降低而产生一个脉冲输出。脉冲高度与离子-电子对的数目呈正比,与入射光子的能量呈正比。

自脉冲开始至达到脉冲满幅度的 90% 所需的时间称为脉冲的上升时间。两次可探

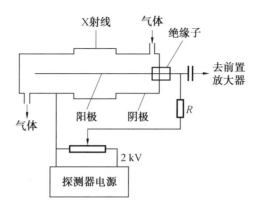

图 4.17　正比计数器结构示意图

测脉冲之间的最小时间间隔称为分辨时间,分辨时间也可粗略地称为死时间。在死时间内进入的 X 光子不能被测出,正比计数器的死时间约为 0.2 μs。

(2)闪烁计数器。

闪烁即为瞬间发光。当 X 射线照射到闪烁晶体上时,闪烁体能瞬间发出可见光。利用光电倍增管可将这种闪烁光转换为电脉冲,再用电子测量装置把它放大和记录下来。把闪烁晶体和光电倍增管组合起来,就构成了闪烁计数器,其结构示意图如图 4.18 所示。在 X 射线检测方面最普遍使用的闪烁体是铊激活碘化钠晶体,即 NaI(Tl)。

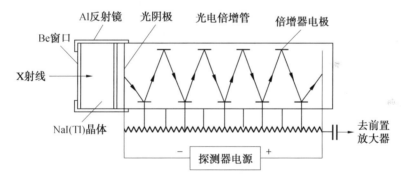

图 4.18　闪烁计数器结构示意图

(3)半导体计数器。

半导体计数器由掺有 Li 的 Si(或 Ge)半导体制成,在其两面真空喷镀一层约 20 nm 厚的金膜构成电极,在 n 层、p 层之间有一个 Li 漂移区,如图 4.19 所示。因为 Li 的离子半径小,很容易漂移穿过半导体,而且 Li 的电离能也较低,当入射的 X 射线撞击 Li 漂移区(激活区)时,在其运动途径中形成电子-空穴。电子-空穴对在电场的作用下,分别移向 n 层和 p 层,形成电脉冲。脉冲高度与 X 射线能量呈正比。

4. 记录系统

记录系统由放大器、脉冲高度分析器、记录和显示装置所组成。其中脉冲高度(即脉冲幅度)分析器的作用是选取一定范围的脉冲幅度,将分析线脉冲从某些干扰线(如某些谱线的高次衍射线、杂质线)和散射线(本底)中分辨出来,以改善分析灵敏度和准确度。如在图 4.20 中测量 Al 的 K_α 线($\lambda = 0.833\ 9$ nm)时,同时会测得 Ag 的 L_α 线($\lambda =$

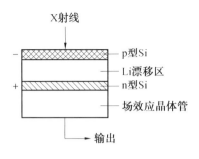

图 4.19　半导体计数

0.416 3 nm)的二级衍射线,但短波长的 X 射线的脉冲幅度大于长波 X 射线。在脉冲高度分析器中采用两个可调的甄别器来限制所通过的脉冲高度,从而达到选择性地分别记录各种脉冲高度的目的。

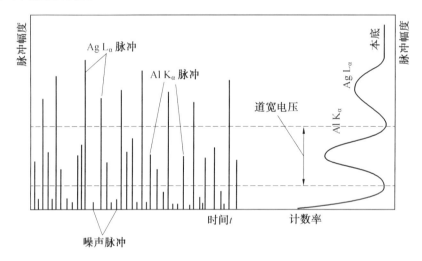

图 4.20　脉冲高度分析器原理

4.3.2　能量色散型 X 射线荧光光谱仪

能量色散型 X 射线荧光光谱仪不采用晶体分光系统,而是利用半导体检测器的高分辨率,并配以多道脉冲分析器,直接测量试样 X 射线荧光的能量,使仪器的结构小型化、轻便化,其原理示意图如图 4.21 所示。

来自试样的 X 射线荧光依次被半导体检测器检测,得到一系列幅度与光子能量呈正比的脉冲,经放大器放大后送到多道脉冲幅度分析器(1 000 道以上)。按脉冲幅度的大小分别统计脉冲数,脉冲幅度可以用光子的能量来标度,从而得到强度随光子能量分布的曲线,即能谱图。图 4.22 所示为某地质标样的 X 射线荧光能谱图。

与波长色散法相比,能量色散法的主要优点是:由于无须分光系统,检测器的位置可紧挨样品,检测灵敏度可提高 2～3 个数量级;也不存在高次衍射谱线的干扰;可以一次同时测定样品中几乎所有的元素,分析物件不受限制;仪器操作简便,分析速度快,适合现场分析。

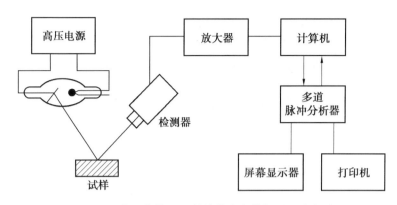

图 4.21　能量色散型 X 射线荧光光谱仪原理示意图

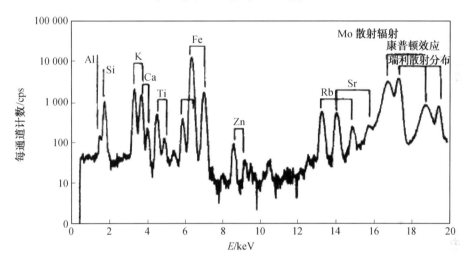

图 4.22　某地质标样的 X 射线荧光能谱图

4.4　X 射线荧光光谱法的应用

X 射线荧光光谱法已被定为国际标准(ISO)分析方法之一。其主要优点如下。

①与初级 X 射线发射法相比,不存在连续光谱,以散射线为主构成的本底强度小,峰底比(谱线与本底强度的对比)和分析灵敏度显著提高。适用于多种类型的固态和液态物质的测定,也可对试样的表面和微区进行分析,并且易于实现分析过程自动化。样品在激发过程中不受破坏,强度测量再现性好,以便于进行无损分析。

②与光学光谱法相比,由于 X 射线光谱的产生来自原子内层电子的跃迁,所以除轻元素外 X 射线光谱基本上不受化学键的影响,定量分析中的基体吸收和元素间激发(增强)效应较易校准或克服。元素谱线的波长不随原子序数呈周期性的变化,而是服从Moseley 定律,因而谱线简单,谱线干扰现象比较少,且易于校准或排除。

③X 射线荧光光谱法的应用范围十分广泛,在冶金、地质、化工、机械、石油、建筑材料等工业部门,农业和医药卫生部门,以及物理、化学、生物、地学、环境、天文、考古等科学研

究部门都获得了广泛的应用。分析范围包括周期表中 $Z \geqslant 3$ (Li)的所有元素,检出限达 $10^{-9} \sim 10^{-5}$ g・g^{-1}(或 g・mL^{-1})

X射线荧光光谱法能有效地测定薄膜的厚度和组成,如冶金镀层或金属薄片的厚度、金属腐蚀、感光材料、磁性录音带薄膜的厚度和组成 。它也可用于动态的分析上,测定某一体系在其物理化学作用过程中的变化情况,例如,相变产生的金属间的扩散、固体从溶液中沉淀的速度、固体在固体中扩散和固体在溶液中溶解的速度等等。

习　题

1.解释并区别下列名词:连续X射线、特征X射线、X射线荧光。

2.试解释 K_α、K_β 等X射线的来源。

3.为下列情况选择合适的X射线光谱分析方法。

(1)区别 KCl 和 NaCl 晶体。

(2)矿石中主要元素成分的定性和半定量分析。

(3)首饰中贵金属含量的测定。

(4)有机物晶体内部三维空间的电子云分布。

4.简述 Bragg(布拉格)定律与 Moseley(莫斯莱)定律的内容和应用。

5.什么是短波限?

6.什么是俄歇效应和俄歇电子?

7.X射线荧光光谱法的主要用途是什么,它有什么优缺点?

8.X射线荧光是怎样产生的,为什么能用X射线荧光进行元素的定性和定量分析?

第5章 分子发光光谱法

5.1 分子荧光和磷光光谱法基本原理

某些物质的分子吸收紫外—可见光后,电子能级跃迁到激发态,激发态分子在返回基态时以发射辐射的方式全部或部分地释放出所吸收的能量,其发射光的波长与所吸收光的波长相同,这种现象称为光致发光。最常见的光致发光是荧光和磷光。这两种光致发光的过程机理不同,荧光发光过程在激发光停止后约 10^{-8} s 内停止发光,而磷光则往往能延续 $10^{-3} \sim 10$ s。因此,可通过测定发光寿命来区分荧光和磷光。

5.1.1 荧光和磷光的产生

每个分子具有一系列严格分立的能级,称为电子能级,而每个电子能级中又包含一系列的振动能层和转动能层,分子荧光和磷光体系能级图如图 5.1 所示。图中基态用 S_0 表示,第一电子激发单重态和第二电子激发单重态分别用 S_1 和 S_2 表示,第一电子激发三重态用 T_1 表示。

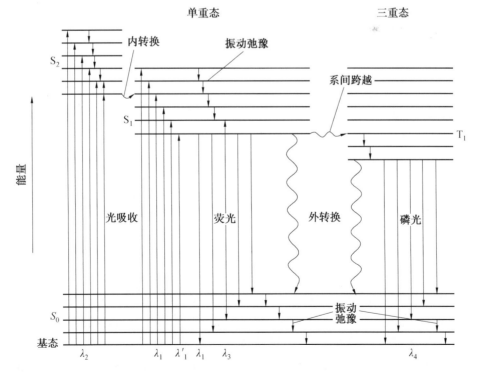

图 5.1 分子荧光和磷光体系能级图

电子激发态的多重度(光谱项多重性)用 $M=2s+l$ 表示,其中 s 为电子自旋量子数的代数和,其数值为 0 或 1。根据泡利不相容原理,分子中同一轨道所占据的两个电子必须具有相反的自旋方向,即自旋配对。假如分子中全部轨道里的电子都是自旋配对的,即 $s=0$,分子的多重度 $M=l$,该分子体系便处于单重态,用符号 S 表示。大多数有机物分子的基态是处于单重态的。分子吸收能量后,若电子在跃迁过程中不发生自旋方向的变化,这时分子处于激发的单重态,如图 5.1 中的 S_1 和 S_2。如果电子在跃迁过程中还伴随着自旋方向的改变,这时分子便具有两个自旋不配对的电子,即 $s=l$,分子的多重度 $M=3$,分子处于激发的三重态,用符号 T 表示。处于分立轨道上的非成对电子,平行自旋要比成对自旋更稳定些(洪特规则),因此三重态能级总是比相应的单重态能级略低,如图 5.1中的 T_1。图 5.1 表明,分子吸收光辐射后可能被激发产生两个电子吸收带,即 λ_2 是 $S_0 \rightarrow S_2$ 的跃迁,λ_1 是 $S_0 \rightarrow S_1$ 的跃迁。但是根据光谱选律,分子直接被激发到三重态 T_1 的概率比较小,因为 $S_0 \rightarrow T_1$ 属于"禁阻"跃迁。当分子吸收光辐射被激发到高能的单重激发态时,这种吸收过程符合朗伯一比尔定律,吸收过程发生在更短的时间内,一般为 10^{-15} s 左右。

若有机物分子的电子跃迁方式有 $n \rightarrow \pi^*$ 跃迁和 $\pi \rightarrow \pi^*$ 跃迁,则 S_1 为 $n \rightarrow \pi^*$ 跃迁最低激发单重态,S_2 为 $\pi \rightarrow \pi^*$ 跃迁最低激发单重态,T_1 和 T_2 分别为 $n \rightarrow \pi^*$ 跃迁和 $\pi \rightarrow \pi^*$ 跃迁最低激发三重态,如图 5.2 所示。

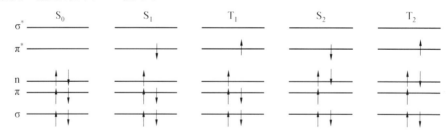

图 5.2　电子跃迁

5.1.2　分子的去活化过程

分子吸收辐射后从基态跃迁到激发态的不同振动能级上,处于较高能量激发态的分子回到稳定的基态的途径,可能以发光的形式(辐射去活化)失去所吸收的能量,或者以无辐射跃迁(转化为热能)失去能量。其中去活化速度最快、激发态寿命最短的那种途径占优势。荧光现象只有在一些兼有某些结构和环境特性的体系才能发生。有图 5.3 所示为几种基本的去活化过程。

1. 荧光发射

当分子处于单重激发态的最低振动能层时,去活化过程的一种形式是短时间内($10^{-9} \sim 10^{-7}$s)发射光子返回基态,这一过程称为荧光发射。从荧光的发射过程明显地看到:荧光是从激发单重态的最低振动能级开始发射,与分子被激发至哪一个能级无关,因此荧光光谱的形状与激发光的波长无关。其次,由于溶液中振动弛豫效率很高,荧光发射前后都有振动弛豫过程。因此荧光发射的能量比分子吸收的辐射能量低,所以溶液中分子的荧光

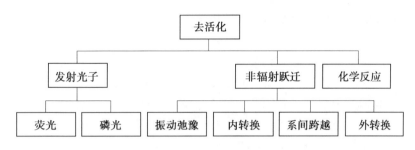

图 5.3 去活化过程

光谱的波长总要比其吸收光谱的波长长一些。根据 Kasha 规则,荧光多为 $S_1 - S_0$ 跃迁。

2. 磷光发射

磷光是三重态辐射跃迁到基态的过程。激发态分子经过系间跨越 $S_1 \rightarrow T_1$,紧接着进行快速振动弛豫降到三重态最低振动能级。继而向基态各振动能级跃迁,所产生的辐射称为磷光。基态分子是单重态的,由基态向三重态的跃迁需要改变电子自旋,因而是禁阻的。则由三重态向基态的跃迁理论上也是禁阻的,因为仍需发生一个电子自旋逆转。磷光辐射之所以能够发生,主要原因是自旋－轨道耦合的磁扰动能使自旋逆转。所以磷光的辐射经历了 $S_1 \rightarrow T_1$ 和 $T \rightarrow S$ 两次改变电子自旋的跃迁过程。正如前面已说过的,三重态至单重态的跃迁比单重态至单重态的跃迁概率小得多,所以磷光的寿命也就比荧光的寿命长,一般在 $10^{-3} \sim 10$ s。因此,磷光是在吸收辐射能后延迟释放的光。当激发光停止后仍能观察到磷光现象。由于磷光和荧光的发光机制不同,它们的区别还表现在磷光光谱是在比荧光光谱更长的波长上观察到的。这是因为三重态的能量比相应激发单重态最低振动能级能量低。

由三重态向基态的无辐射跃迁比单重态至单重态无辐射跃迁的可能性大得多。这不仅是因为三重态需要改变电子的自旋状态,而且还有以下两个因素。

①三重态与基态的能量差小于最低激发单重态与基态的能量差,则三重态与基态间的振动耦合增强,有利于内转换去活化。

②磷光寿命长,因而与溶剂分子的碰撞去活化的可能性增大。

因此,三重态可能将发生能量转变为热能和溶剂分子的动能等许多无辐射去活化过程与磷光过程相竞争。

某些分子在跃迁到三重态后,又被热激发至单重激发态而发射荧光,称为延迟荧光。

通过以上的讨论可以了解到荧光和磷光的发光机制,以及与发光过程相竞争的许多无辐射过程,如振动弛豫、内转换、系间跨越等。这些无辐射过程将激发能转换为热能和溶剂动能等。所以在分析化学上除要了解物质分子是否具有发光的结构外(能吸收激发光和发射光的结构),还要对溶剂、温度等影响因素加以讨论。

3. 振动弛豫

分子吸收光辐射后可能从基态的最低振动能层($\nu = 0$)跃迁到激发态 S_n 的较高的振动能层。然而,在液相或压力足够高的气相中分子间碰撞的概率很大,激发态分子可能将过剩的振动能量以热的形式传递给周围的分子,而自身从 S_n 的高振动能层失活到该电子能级的最低振动能层,这一过程称为振动弛豫。发生振动弛豫的时间为 10^{-12} s。图 5.1

中各振动能层间的小箭头表示振动弛豫的情况。

4. 内转换

内转换指的是分子不发射辐射而回到低能量状态的分子内过程,这类无辐射过程称为内转换过程。在内转换过程中体系的总能量没有发生改变,所以没有光的发射,而是激发态分子从较高的电子能级转换至较低的电子能级,或将激发能转变为热能回到基态。当两个电子能级的振动能层间有重叠时,则可能发生电子由高能层以无辐射跃迁方式跃迁到低能层的电子激发态。例如,图 5.1 中 S$_2$ 态的较低振动能层与 S$_1$ 中的较高振动能层相重叠,重叠的地方两激发态间处于过渡性热平衡,低电子激发态通过振动耦合作用得到了累积。内转换过程在 $10^{-13} \sim 10^{-11}$ s 时间内发生,它通常要比由高激发态直接发射光子的速度快得多,因此如图 5.1 所示,分子最初无论在哪一个激发单重态,都能通过振动弛豫和内转换到达最低激发单(或三)重态的最低振动能层上。

5. 系间跨越

可能与荧光过程相竞争并降低荧光量子效率的另一过程是系间跨越跃迁,亦称系统间交叉跃迁。它的含义为:在不同多重态之间的无辐射跃迁。在这个过程中激发态电子改变自旋,使分子多重性发生变化。图 5.1 中 S$_1$→T$_1$ 即激发态最低振动能级与三重态较高振动能级相耦合,有可能使电子自旋状态改变(电子的自旋反转)。因此,系间跨越不仅要求两种状态势能曲线在某一容易达到的能量相交,而且还要求有微观的磁场微扰存在,以便使电子的自旋与这一磁场微扰耦合,从而改变电子自旋方向。磁场微扰是由带电粒子、极性粒子、可以极化的粒子以及顺磁性粒子在溶液中做不规则运动产生的。微扰磁效应的存在与改变极大地影响着系间跨越跃迁,如降低温度、增加溶液黏度使分子运动减慢,微扰磁效应也随之减弱,尤其是把所有顺磁性物质(如溶解氧)除去,就消除了合适的电子微扰,系间跨越就降低。反之,系间跨越跃迁增强,荧光就减弱甚至熄灭。

溶液中若含有重原子的分子或离子,如溴化物、碘化物等,则容易发生系间跨越。这种分子中由于重原子存在而容易发生系间跨越的现象,称重原子效应。发生这种效应的原因是原子序数高的重原子的电子自旋和轨道运动间的相互作用变大,原子核附近产生了强的磁场。重原子无论是存在于分子内部还是环境中,只要存在重原子,单重态向三重态的系间跨越跃迁概率就明显增加。所以含重原子的化合物的荧光很弱甚至不能发生荧光。

6. 外转换

在激发态去活化过程中,分子与溶剂或其他溶质间相互作用使能量转换的过程,称为外转换。外转换的结果是使荧光强度减弱甚至消失,这种现象称为"熄灭"或"猝灭"。因此,如存在使粒子间碰撞减少的条件,那么减少外转换便可实现荧光的增强。如溶剂的黏度大,则粒子间碰撞减少,荧光强度增强,溶液温度降低,荧光强度增强。较低的激发单重态及较低的三重态的非辐射跃迁可包含外转换,也可包含内转换。

5.1.3　荧光激发光谱、荧光发射光谱、同步荧光光谱和三维荧光光谱

荧光是一种光致发光现象,分子对光的吸收具有选择性,因此荧光激发光谱和荧光发射光谱是荧光物质的基本特征。

1. 荧光激发光谱

荧光激发光谱简称激发光谱,它是通过固定发射波长为 λ_{em} 的光波改变激发光的波长 λ_{ex},然后扫描不同激发波长所产生的荧光强度的变化,获得荧光强度-激发波长的关系曲线。荧光强度最大处所对应的激发波长即为最适宜激发波长,称为最大激发波长,表示在此波长处,分子吸收的能量最大,能产生最强的荧光。激发光谱反映了在某一固定的发射波长下,不同激发波长激发荧光的相对效率。激发光谱可以用于荧光物质的鉴别,并作为进行荧光测定时供选择恰当的激发波长的依据。

2. 荧光发射光谱

荧光发射光谱又称荧光光谱,是通过将激发波长固定在最大激发波长处,然后不断地改变荧光的发射波长,测定不同发射波长处荧光强度的变化,所获得的荧光强度-发射波长的关系曲线为荧光发射光谱。它反映了在相同的激发条件下,不同波长处分子的相对发射强度。荧光发射光谱可以用于荧光物质的鉴别,并作为荧光测定时选择恰当的测定波长或滤光片的依据。

在一般情况下,λ_{ex} 和 λ_{em} 分别表示最大激发波长和最大发射波长。激发光谱和发射光谱可用于鉴别荧光物质,并可以作为荧光测定时选择激发波长和测定波长的依据。理论上讲,某种化合物的激发光谱的形状应与其吸收光谱的形状相同,然而由于测量仪器的光源的能量分布、单色器的透光度和检测器的敏感度都随波长而改变,并且随测量仪器而异,因此测定的激发光谱的形状与吸收光谱的形状一般有所差异。在化合物的浓度足够小,荧光的量子产率与激发光波长无关的条件下,校正测量仪器的影响后,激发光谱在形状上将与吸收光谱相同;不同的仅仅是吸收光谱的纵坐标是吸光强度,而激发光谱纵坐标为荧光强度。

3. 同步荧光光谱

在通常的荧光分析中所获得的光谱为荧光的激发光谱和发射光谱,如图 5.4(a)所示。1971 年由 Lloyd 首先提出用同步扫描技术来绘制光谱图,该技术是在同时扫描激发和发射单色器波长的条件下,测绘光谱图,所得到的荧光强度-激发波长(或发射波长)曲线为同步荧光光谱。测定同步荧光光谱有三种方法。

(1)在扫描过程中,激发波长和发射波长有一个固定的波长差 $\Delta\lambda = \lambda_{em} - \lambda_{ex} =$ 常数,此方法称为固定波长同步扫描荧光法。

(2)使发射单色器与激发单色器之间保持一个恒定的波数差($\overline{\Delta\nu}$),即 $(1/\lambda_{ex} - 1/\lambda_{em}) \times 10^7 = \overline{\Delta\nu} =$ 常数,此方法称为固定能量同步扫描荧光法。

(3)使两单色器在扫描过程中以不同的速率同时进行扫描,即波长可变,此方法称为可变波长同步扫描荧光法。

同步扫描荧光法有如下特点:①使光谱简化;②使谱带窄化;③减小光谱的重叠现象;④减小散射光的影响。图 5.4(b)所示为并四苯的同步荧光光谱图。从图中可以看出同步荧光光谱相当简单,仅在 475 nm 及同步荧光光谱处出现一个同步荧光光谱峰。这种光谱简化并提高了分析测定的选择性,避免了其他谱带所引起的干扰,但对光谱学的研究不利,因为它损失了其他光谱带所含的信息。

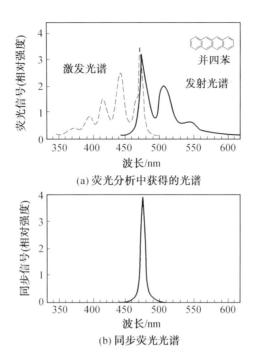

(a) 荧光分析中获得的光谱

(b) 同步荧光光谱

图 5.4 并四苯的激发光谱和发射光谱

4. 三维荧光光谱

三维荧光光谱是 20 世纪 80 年代发展起来的一种新的荧光技术。以荧光强度为激发波长和发射波长的函数得到的光谱图为三维荧光光谱,也称总发光光谱或等高线光谱等。三维荧光光谱可用两种图形表示:①三维曲线光谱图;②平面显示的等强度线光谱图,如图 5.5 所示。从三维荧光光谱图可以清楚看到激发波长与发射波长变化时荧光强度的信息。它能提供更完整的光谱信息,可作为光谱指纹技术用于环境检测和法庭试样的判证。

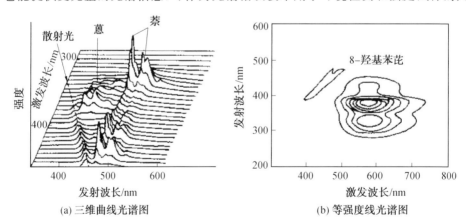

(a) 三维曲线光谱图

(b) 等强度线光谱图

图 5.5 三维荧光光谱图

5.1.4 荧光发射光谱的特征

在溶液中，荧光光谱显示了某些普遍的特征。这些特征为识别荧光物质的正常荧光提供了基本原则。

1. 斯托克斯位移

在溶液中，分子的荧光发射光谱波长总是比其相应的吸收（或激发）光谱的波长长。荧光发射光谱这种波长位移的现象称为斯托克斯（Stokes）位移（或称红移）。激发态分子在发射荧光之前和之后均发生了能量的损失，其中主要的能量损失来源于发射荧光之前的激发单重态分子到第一激发单重态（S_1）的最低振动能级的过程。在这个过程中，激发单重态分子经历了振动弛豫和内转换的无辐射跃迁，损失了部分能量，所以由第一激发单重态（S_1）的最低振动能级返回到基态（S_0）所发射荧光的能量小于受激发时吸收的能量；而且，辐射跃迁可能只使激发态分子返回到基态的不同振动能级，然后在不同的振动能级之间通过振动弛豫进一步损失振动能量，这也使发射光波长比激发光波长长。另一方面溶剂分子的弛豫作用使其能量进一步损失，因而产生了发射光谱波长的位移，这种位移表明在荧光激发和发射之间所产生了能量损失。

2. 荧光光谱形状和镜像对称规则

（1）荧光光谱形状。

荧光物质的发射光谱通常只有一个发射带，这与分子吸收光谱不同，分子吸收光谱的吸收带往往可能有几个，这是由于分子吸收了不同能量的光子，可以从基态跃迁到不同能级的电子激发态。而对于受到激发的荧光分子而言，由于从较高的激发态通过振动弛豫和内转换回到第一电子激发态（S_1）的概率是非常高的，远远大于从高能级激发态（如 S_2）直接发射光子而回到较低能级或基态（S_0）的概率。所以几乎绝大多数物质在发射荧光时，无论是用哪个波长进行激发，电子都是从第一电子激发态的最低振动能级返回到基态的各振动能级的跃迁，因此只能产生一个发射带。但是也有例外，例如 pH 为 9 的吖啶的甲醇溶液中，若以 313 nm 或 365 nm 的光激发，观察到的是通常的荧光光谱。但如果用 385 nm、405 nm 或 436 nm 的光激发，便会观察到光谱的突然红移，形状也有改变，这种现象被认为是与激发态的质子迁移反应有关。

（2）镜像对称规则。

一般而言，分子的荧光发射光谱与其吸收光谱之间存在镜像关系，图 5.6 所示为苝在苯溶液的吸收和荧光发射光谱图。镜像对称规则的产生是由于大多吸收光谱的形状表明了分子的第一激发态的振动能级结构，而荧光发射光谱则表明了分子基态的振动能级结构。一般情况下，分子的基态和第一激发单重态的振动能级结构类似，因此吸收光谱的形状与荧光发射光谱的形状呈镜像对称关系。

3. 荧光发射光谱的形状与激发波长的关系

一般地，用不同波长的激发光激发荧光分子，可以观察到形状相同的荧光发射光谱。这是由于荧光分子无论被激发到哪一个激发态，处于激发态的分子经振动弛豫及内转换等过程后，最终都将回到第一激发态的最低振动能级。而分子的荧光发射总是从第一激发态的最低振动能级跃迁到基态的各振动能级上。所以荧光发射光谱的形状与激发波长

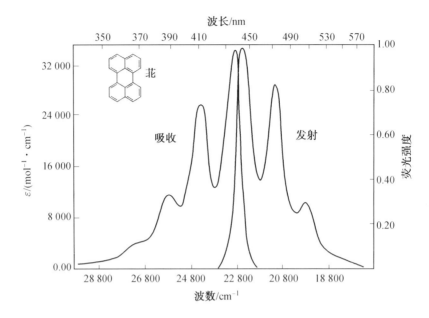

图 5.6 苝在苯溶液的吸收和荧光发射光谱图

无关。

5.1.5 荧光强度、荧光量子产率和荧光寿命

1. 荧光强度与浓度之间的关系

荧光强度是指在一定条件下仪器所测得荧光物质发射荧光大小的一种量度。荧光是向四周发射的,没有固定方向,是各向同性的,因此实际上所测量的是某一方向的荧光强度。荧光是光致发光,而物质吸收光以后再发射光,所以荧光强度应与吸收光强度以及荧光量子产率成正比,即

$$I_f = \phi I_a = \phi (I_0 - I_t) \tag{5.1}$$

式中,I_f 为荧光强度;ϕ 为荧光量子产率;I_a 为吸收光强度;I_0 为照射被测物质的光强度;I_t 为透射光强度。

对于分子吸收,可用下面的公式来描述 I_0 和 I_t 的关系,即

$$I_t = I_0 e^{-kbc} \tag{5.2}$$

式中,k 可作为常数;b 为吸收池厚度;c 为待测物质的浓度。将式(5.2)代入式(5.1)得

$$I_f = \phi (I_0 - I_0 e^{-kbc})$$

当 $bc \rightarrow 0$ 时,上式可变为

$$I_f = \phi I_0 kbc \tag{5.3}$$

当 ϕ 和 b 不变时,式(5.3)可变为

$$I_f = a I_0 c \tag{5.4}$$

式中,a 为常数。由式(5.4)可知,增加入射光强度可提高荧光强度,当入射光强度 I_0 固定时,荧光强度与浓度之间成正比,但这样的正比关系同样是在被测物的浓度较低时才成立,而随着溶液浓度的进一步增大,将会出现荧光强度不仅不随被测物浓度线性增加,其

至出现随着浓度的增加而下降的现象。这种现象产生的原因主要有以下几点。

① 内滤光效应。溶液中若存在着能吸收激发光的物质，就会减少观察到的荧光，这种现象被称为内滤光效应。当可吸收激发光物质的浓度过高时，对入射光的吸收作用增加，相当于降低了激发光的强度。

② 再吸收现象。广义地讲，这也是内滤光效应的另一种情况。当荧光物质本身的吸收光谱和它的荧光光谱发生重叠，且溶液中荧光物质浓度比较高时，一部分荧光在它离开吸收池之前就又被吸收，从而造成荧光强度的下降。

③ 分子间相互作用。在溶质浓度较高的溶液中，可能发生溶质与溶质分子间的相互作用，结果荧光物质的激发态分子与其基态分子发生相互作用形成了二聚物，且荧光物质的激发态分子与其他溶质的基态分子也可能形成复合物，从而导致荧光强度的下降。甚至当浓度更高时，荧光物质基态分子之间也可能产生聚合体，导致荧光强度更严重地下降。

2. 荧光量子产率

荧光量子产率 ϕ 为荧光物质吸收光后所发射的荧光的光子数与所吸收的激发光的光子数之比。由于激发态分子的去活化过程包括辐射跃迁和非辐射跃迁，荧光的量子产率将与上述每个过程的速率常数有关，即

$$\phi = \frac{k_f}{k_f + \sum k} \tag{5.5}$$

式中，k_f 为荧光发射过程的速率常数；$\sum k$ 为其他非辐射跃迁过程的速率常数的总和。可见，荧光量子产率的大小取决于荧光发射过程与非辐射跃迁过程的竞争结果。多数荧光物质的 ϕ 一般都小于 1。ϕ 越大，荧光强度越大；当 ϕ 为 0 时，就意味着该物质不能发射荧光。在荧光检测中，有分析应用价值的荧光物质的 ϕ 应在 0.1 以上。荧光物质的量子产率的数值大小，主要取决于化合物的结构和性质，除此以外，还与化合物所处的环境因素（介质、酸度、温度等）有关。

3. 荧光寿命

荧光寿命 τ 可以用下式测定：

$$\ln I_f(0) - \ln I_f(t) = t/\tau \tag{5.6}$$

式中，$I_f(0)$、$I_f(t)$ 分别表示时间为 0、t 时的荧光强度；τ 为荧光寿命。通过实验测定不同时间的 $I_f(t)$ 值，并做出 $\ln I_f(t) - t$ 的关系曲线，由所得直线的斜率便可计算荧光寿命 τ 的值。

激发态的平均寿命 $\bar{\tau}$ 也可以用下式估计：

$$\bar{\tau} = 10^{-5}/\varepsilon_{max} \tag{5.7}$$

式中，ε_{max} 为最大吸收波长处的摩尔吸收系数，单位是 $L \cdot mol^{-1} \cdot cm^{-1}$。由基态 S_0 至第一激发态 S_1 跃迁为允许的跃迁，ε 值一般约为 $10^3 \sim 10^4 \, L \cdot mol^{-1} \cdot cm^{-1}$，因而荧光的寿命约为 $10^{-9} \sim 10^{-8} \, s$。

5.1.6 荧光与分子结构的关系

对于大量的有机和无机物质，能够发射荧光的物质不是很多。这是因为荧光的产生

须具备两个条件:首先,物质的分子必须具有电子吸收光谱的特征结构,这是产生荧光的前提;其次,物质的分子吸收光之后,还必须具有高的荧光量子产率。许多吸光物质由于其结构特征,分子的荧光量子产率不高,不一定会发荧光。可见,荧光物质分子的激发、发射性质都与分子结构密切相关。分子是否发荧光与分子结构及测量荧光的环境有关。虽然预测分子是否发荧光是困难的,但是仍然具有一般的规则可循。一般地,具有强荧光的分子都具有大的共轭 π 键结构、给电子取代基、刚性的平面结构等,这有利于荧光的发射。因此,分子中至少具有一个芳环或具有多个共轭双键的有机化合物才容易发射荧光,而饱和的或只有孤立双键的化合物,不呈现显著的荧光。结构对分子荧光的影响主要表现在以下几个方面。

1. 跃迁类型

实验表明,大多数荧光化合物都是由 $\pi \to \pi^*$ 或 $n \to \pi^*$ 跃迁所致的激发态去活化后,发生 $\pi^* \to \pi$ 或 $\pi^* \to n$ 跃迁而产生的,其中 $\pi^* \to \pi$ 跃迁的量子效率高。这是由于 $\pi \to \pi^*$ 跃迁的摩尔吸光系数比 $n \to \pi^*$ 跃迁大 100～1 000 倍,跃迁寿命($10^{-9} \sim 10^{-7}$ s)又比 $n \to \pi^*$ 跃迁寿命($10^{-7} \sim 10^{-5}$ s)短,因此 k_f 较大,其次,系间跃迁的速率常数小,有利于发射荧光。

2. 共轭效应

大量事实表明,荧光分子都含有能发射荧光的基团,习惯称作荧光团。荧光团通常含有共轭 π 键,共轭 π 键达到一定程度才会发出荧光。由表 5.1 可以看出,电子共轭体系越大,π 电子越容易激发,一般来说产生的荧光越强(也有例外,如表 5.1 中并四苯与并五苯的荧光量子产率为后者小于前者),同时荧光光谱越移向长波。

表 5.1　几种线状多环芳烃的荧光

化合物	ϕ	λ_{ex}/nm	λ_{em}/nm
苯	0.11	205	278
萘	0.29	286	321
蒽	0.46	365	400
并四苯	0.60	390	480
并五苯	0.52	580	640

3. 刚性平面结构

对于具有强荧光的化合物和荧光试剂,仅有大的共轭体系还不够,分子的共轭体系必须具有刚性平面结构(图 5.7)。因为这种刚性平面结构增加了 π 电子体系的相互作用和共轭,因此分子与溶剂或其他溶质分子的相互作用减小,降低了碰撞去活化的可能性。例如,荧光素和酚酞结构十分相似,荧光素呈平面结构,是强荧光物质;而酚酞没有氧桥,其分子不易保持平面,不是荧光物质。荧光素衍生物常作为生物及医学研究中的分子探针,就是基于这类分子的荧光团有很强的荧光发射能力。同样的,偶氮苯不发荧光,而杂氮菲会发荧光。又如,芴和联苯,芴在 0.1 mol·L^{-1} NaOH 溶液中的荧光量子产率接近于 1,而联苯仅为 0.20,这是芴中引入亚甲基,使芴刚性增强的缘故。再如,萘和维生素 A 都有 5 个共轭双键，萘是平面刚性结构，维生素 A 为非刚性结构，因而萘的荧光强度是维生素 A 的 5 倍。刚性的影响也表现在有机配位剂与金属离子配位后荧光大大增强。例如，8-羟基喹啉-5-磺酸在弱碱性介质中无荧光，但是与 Zn、Cd 等离子配位后，能够形成强荧光的配合物，这是喹啉上的羟基和 N 原子与金属离子形成了刚性的分子结构的缘故。

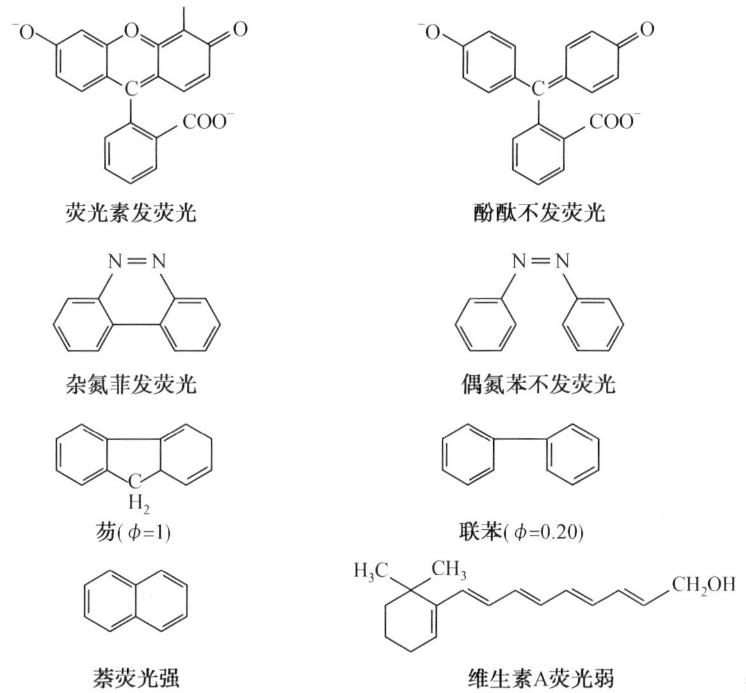

荧光素发荧光

酚酞不发荧光

杂氮菲发荧光

偶氮苯不发荧光

芴(ϕ=1)

联苯(ϕ=0.20)

萘荧光强

维生素A荧光弱

图 5.7　刚性平面结构对荧光强度的影响

4. 取代基效应

在芳香族化合物的芳环上引入不同的取代基，对化合物的荧光强度和荧光波长都有很大的影响。通常有以下一些规律。

(1)给电子取代基。

给电子取代基使荧光增强，属于这类取代基的有—NH_2、—NHR、—NR_2、—OH、—OR、—CN 等，其原理是取代基上的非键电子 n 几乎与芳环上的 π 轨道平行，产生了 n-π 共轭作用，增强了电子的共轭程度，导致荧光增强，荧光波长红移。

需要注意的是含有这类基团的荧光分子在极性溶剂中易形成氢键，在强酸中易质子化(—$NH_2 \rightarrow NH_3^+$)，在碱性介质中易转化为相应的盐(—$OH \rightarrow O^-$)，会使荧光强度变弱。

(2)吸电子取代基。

吸电子取代基有—C=O、—NO_2、—COOH、—CHO、—COR、—N=N—、卤素(—Cl、—Br、—I)等。通过这些取代基取代，荧光体的荧光强度一般会减弱甚至猝灭，虽然这类基团中也都含有 n 电子，但其 n 电子的电子云不与芳环上 π 电子云共平面，不能构成 n—π 共轭,不能扩大电子共轭程度,这类化合物的 n—π* 跃迁属于禁阻跃迁,其摩尔吸收系数小,导致荧光减弱。硝基吸电子能力可以说是最大的,对荧光抑制非常严重,硝基苯无荧光。

（3）对分子荧光影响不明显的基团。

—SO_3H 含有不饱和键,表现出吸电子的性能,减弱荧光;同时,它又能解离出 H 而带负电荷,又体现出推电子的行为,使荧光增强。增减相抵,它的引入一般无显著的荧光变化,但是却能使试剂的水溶性增加。

表 5.2 表明了取代基对苯环的影响。取代基改变了荧光效率,使最大吸收峰发生位移,荧光峰也相应改变。

表 5.2　苯荧光的取代效应

化合物	分子式	荧光波长/nm	荧光的相对强度
苯	C_6H_6	270～310	10
甲苯	$C_6H_5CH_3$	270～320	17
丙基苯	$C_6H_5C_3H_7$	270～320	17
氟代苯	C_6H_5F	270～320	10
氯代苯	C_6H_5Cl	275～345	7
溴代苯	C_6H_5Br	290～380	5
碘代苯	C_6H_5I	—	0
苯酚	C_6H_5OH	285～365	18
酚离子	$C_6H_5O^-$	310～400	10
苯甲醚	$C_6H_5OCH_3$	285～345	20
苯胺	$C_6H_5NH_2$	310～405	20
苯胺离子	$C_6H_5NH_3^+$	—	0
苯甲酸	C_6H_5COOH	310～330	3
苯基氰	C_6H_5CN	280～360	20
硝基苯	$C_6H_5NO_2$	—	0

（4）取代基的位置。

当只有一个给电子取代基时,取代基的位置对芳烃荧光的影响通常为当其处于空间位阻最小或无空间位阻时,可使荧光增强。例如在图 5.8 所示化合物萘环上引入磺基（—^-O_3S）,由于空间障碍使—$N(CH_3)_2$ 与萘之间的键发生了扭转而离开了平面构型,影响了 n—π 共轭作用,因此荧光减弱。

（5）重原子效应。

重原子效应,一般是指在发光分子中,引入质量相对较重的原子时出现磷光增强和荧光减弱的现象。典型的例子是芳烃被卤素取代之后,其化合物的荧光随卤素相对原子质量的增加而减弱,相反磷光则相应地增强（表 5.3）。这种现象一般被认为是由于相对较

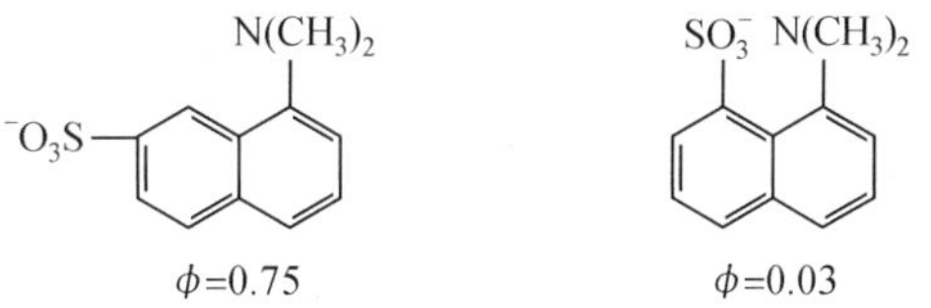

$\phi=0.75$ $\phi=0.03$

图 5.8　取代基位置的影响

重的原子带有的电磁场对分子中电子自旋的影响比较轻原子的影响大,因此,在分子中引入相对较重的原子可以造成激发的单重态和三重态在能量上更为接近,这也就减小了单重态和三重态之间的能量差,从而增加了 $S_1 \rightarrow T_1$ 体系交叉跃迁的概率,有利于磷光的发生,荧光的量子产率则降低。

表 5.3　卤素取代的重原子效应

化合物	ϕ_P / ϕ_f	荧光波长 λ_{ex}/nm	磷光波长 λ_{em}/nm
苯	0.093	315	470
1-甲基萘	0.053	318	476
1-氟萘	0.086	316	473
1-氯萘	5.2	319	483
1-溴萘	6.4	320	484
1-碘萘	>1 000	没观察到	488

(6)饱和烃的取代。

此类取代基对荧光体的荧光强度影响不大,但由于饱和烃基的引入,荧光体的振动和转动自由度增加,因而削弱了荧光激发光谱和发射光谱振动结构的分辨率,使振动结构变得模糊,且荧光峰也略向红移。

(7)抗磁/顺磁性物质的影响。

抗磁性物质能发射荧光,顺磁性物质的荧光减弱或不发射荧光。这是由于顺磁性物质分子中有不成对的电子自旋,系间跨越速度增大。例如,铜(原子序数 29)的卟啉二甲基脂螯合物不发射荧光而出现强磷光。锌(原子序数 30)的卟啉二甲基脂螯合物具有中等强度荧光和弱的磷光。这种明显不同的发光性质不能归因于原子序数效应,而是因为 $Cu(\text{II})$ 离子的顺磁性。

(8)立体异构。

立体异构现象对荧光强度有显著的影响。以 1,2-二苯乙烯为例:顺式不发生荧光,而反式有强烈的荧光。因为反式异构体的原子都在一个平面上,苯基虽然能平面外振动,但其电子振荡完全在该平面上,不能激发起平面外的振动,因此就有很强的吸光和发射荧光的能力。顺式的原子不在一个平面上,电子振荡的一个分力和苯基的振动在同一方向,可能因发生耦合作用将其能量损失于振动之中。所以不发生荧光。

了解荧光和物质分子结构的关系,可以帮助考虑如何将非荧光物质转化为荧光物质,或将荧光强度不大或选择性较差的荧光物质转化为荧光强度大及选择性高的荧光物质,以提高荧光分析的灵敏度和选择性。

5.1.7 影响荧光强度的环境因素

虽然物质产生荧光的能力主要取决于其分子结构,然而物质所处的环境对分子的荧光可能会产生较大的影响。

1. 溶剂的影响

溶剂对物质的荧光特性有比较大的影响。同一种荧光物质在不同溶剂中,其荧光光谱的位置和强度可能有明显不同。如硫酸奎宁在 H_2SO_4 溶液中有荧光,而在 HCl 溶液中无荧光。一般来说,许多共轭芳烃化合物的荧光强度随溶剂极性的增加而增强,且荧光峰波长向长波方向移动。这是因为共轭芳烃化合物在激发时发生了 $\pi-\pi^*$ 跃迁,其激发态比基态的极性更大,随着溶剂极性的增大,对激发态比对基态产生更大的稳定作用,结果使荧光光谱发生了红移。表 5.4 列出了 8－巯基喹啉在不同溶剂中的荧光峰波长和荧光量子产率。由表可知,其在极性不同的溶剂中,荧光的量子产率、荧光峰波长均发生了变化;随着极性的增加,溶剂由四氯化碳、氯仿、丙酮到乙腈的荧光量子产率增加,荧光峰波长红移。

表 5.4　8－巯基喹啉在不同溶剂中的荧光峰波长和荧光量子产率

溶剂	相对介电常数	λ_{em}/nm	ϕ
四氯化碳	2.24	390	0.002
氯仿	5.2	398	0.041
丙酮	21.5	405	0.055
乙腈	38.8	410	0.064

如果溶剂和荧光物质形成了化合物,或者溶剂使荧光物质的电离状态改变,则荧光峰的波长和荧光强度都会发生很大的改变。

在含有重原子的溶剂(如碘乙烷和四溴化碳)中,会产生与将这些成分引入荧光物相似的原子效应,导致荧光减弱。

然而荧光光谱的形状和强度与溶剂之间的关系,似乎没有绝对的规律,而视各种荧光物质与溶剂的不同而异。

2. 温度的影响

温度对荧光的影响是很明显的。一般来说,对于大多数荧光物质,随着温度的降低,荧光量子产率和荧光强度将增加;反之,温度升高,则荧光量子产率和荧光强度下降。这是因为温度降低的时候,溶液中分子的活性减弱,溶液的黏度增大,溶质分子与溶剂分子间碰撞机会减少,降低了各种非辐射去活化概率,因此荧光量子产率增加,荧光强度增强。若溶液中有猝灭剂的存在,温度对于荧光强度的影响将更为复杂。在进行荧光测定时,激发光源产生的热量是溶液温度变化最重要的原因,而且分析过程中室温可能发生变化,因此在检测一些温度系数大的样品时,必须保持溶液温度的恒定。

3. pH 的影响

当荧光物质为有机弱酸或弱碱时,溶液 pH 的改变对荧光强度有很大的影响。无机螯合物的荧光也同样对 pH 很敏感,这是由于它们的分子和离子在电子构型上的差异。例如,苯酚离子化后,其荧光消失,如图 5.9 所示。

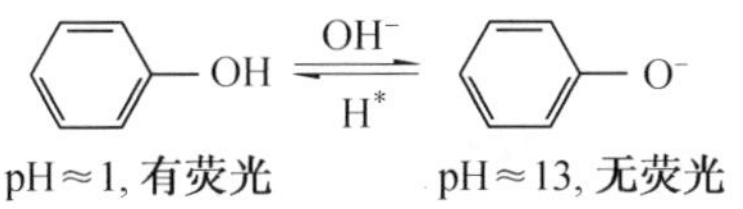

图 5.9　pH 对苯酚的影响

这说明,苯酚在酸性溶液中以分子形式存在,呈现荧光;但在碱性溶液中,则以负离子形式存在。所以,当溶液的酸度降低至强碱时,溶液中主要是苯酚的负离子形态,不发荧光。这种情况是荧光物质在分子状态下有荧光,而在离子状态下无荧光。有些物质则相反,在离子状态下有荧光,而在分子状态下无荧光。如 α−萘酚,其分子形式无荧光,离子化后显荧光;又如 1−萘酚−6 磺酸在 pH6.4~7.4 的溶液会发生蓝色的荧光,而当 pH<6.4 时,就不发荧光,如图 5.10 所示。

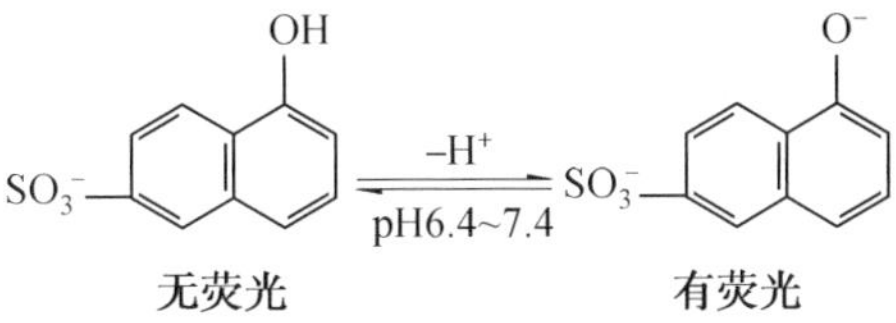

图 5.10　pH 对 1−萘酚−6 磺酸的影响

金属离子与有机试剂所形成的荧光配合物,在溶液 pH 改变时,配位数也要改变,从而影响荧光产生或荧光强度。例如,镓与 2,2−二羟基偶氮苯在 pH3~4 溶液中形成 1∶1 的配合物,能发出荧光;而在 pH6~7 溶液中则形成非荧光的 1∶2 配合物。在实际应用中,应考虑溶液 pH 对荧光物质测定的影响。有时,也可以利用这种影响,通过调节溶液的 pH 来产生某种所要求的型体。

4. 荧光猝灭作用

广义地说,荧光猝灭是指任何可使荧光强度降低的作用。这里讨论的荧光猝灭是指荧光物质分子与溶剂分子或其他溶质分子相互作用,引起荧光强度降低的现象。与荧光物质分子相互作用引起荧光强度下降的物质,称为猝灭剂。荧光猝灭的类型很多,大致有如下几种类型。

(1)动态猝灭。

动态猝灭要求激发单重态的荧光分子 M* 与猝灭剂 Q 间相互接触。激发单重态的荧光分子 M* 与猝灭剂 Q 相互碰撞后,激发态分子以无辐射跃迁方式返回基态,产生猝灭作用。这是激发态荧光分子在其寿命期间由于扩散而和猝灭剂之间发生的碰撞猝灭。猝灭速率受扩散控制,并与溶液的温度和黏度有关。动态猝灭过程是与自发发射过程相竞争从而缩短激发态分子寿命的过程。溶液中荧光物质分子 M 与猝灭剂 Q 相互碰撞而引起荧光猝灭的最简单情况如下。

(1)$M + h\nu \longrightarrow M^*$(吸光过程)

(2)$M^* \longrightarrow M + h\nu'$(荧光过程)

(3)$M^* + Q \longrightarrow M + Q$(猝灭过程)

猝灭机理一般是利用 Stem－Volmer 方程进行分析,即

$$\frac{I_f^0}{I_f}=1+k_q\tau_0[Q]=1+k_{sv}[Q] \tag{5.8}$$

式中,I_f^0 和 I_f 分别表示不存在猝灭剂和猝灭剂浓度为$[Q]$时的荧光强度;k_q 是猝灭速率常数;τ_0 为不存在猝灭剂时荧光物质的平均荧光寿命;k_{sv}是 Stern－Volmer 猝灭常数,显然,$k_{sv}=k_q\tau_0$。

温度升高,分子间碰撞概率增大,导致非辐射失活的外转换增加,从而加大猝灭的程度;溶剂黏度减小,同样会增大分子间的碰撞概率,增大碰撞猝灭的程度。

(2)静态猝灭。

这是基态的荧光分子 M 与猝灭剂分子 Q 生成非荧光配合物 MQ 的过程,即 M＋Q＝MQ,$K=\dfrac{[MQ]}{[M][Q]}$,由于与荧光分子 M 生成了一种新的不发光的基态配合物,荧光分子发出的荧光强度降低。基态配合物的生成也可能使其与荧光物质的基态分子竞争,吸收激发光(内滤光效应)而降低荧光物质的荧光强度。

静态猝灭过程中荧光强度与猝灭及浓度之间的关系为

$$\frac{I_f^0}{I_f}=1+K[Q] \tag{5.9}$$

式(5.9)与动态猝灭过程所获得的关系式相似,只是在静态猝灭的情况下用配合物的形成常数 K(热力学常数)代替了猝灭常数 k_{sv}(动力学常数)。不过应当指出,只有在荧光物质与猝灭剂之间形成 1∶1 的配合物的情况下,静态荧光猝灭才符合上述关系式。

(3)动态和静态的联合猝灭。

有些情况下,荧光分子与猝灭剂之间不仅能发生动态猝灭,同时又能发生静态猝灭,即动态和静态的联合猝灭。这种情况下实验获得的 Stern－Volmer 图不是一条直线,而是一条向纵坐标轴弯曲的上升曲线。

(4)远程猝灭。

分子间没有碰撞也可发生能量转移,这种类型的非辐射去活化称为远程猝灭或 Förster 猝灭。当荧光给体分子和受体分子相隔的距离远大于给体－受体的碰撞直径时,仍然可以发生从给体到受体的无辐射能量转移。这种非辐射的能量转移过程是源于给体和受体间的偶极－偶极作用。当给体的发射光谱与受体的吸收光谱重叠,且在重叠波长范围内给体的摩尔吸收系数相当高时,有利于发生远程猝灭。

(5)氧的猝灭作用。

氧分子可以说是普遍存在的荧光猝灭剂。它能引起几乎所有的荧光物质产生不同程度的荧光猝灭现象,尤其是对无取代基的芳香化合物的荧光影响较为显著。不过,由于除氧操作麻烦,故在可以满足分析灵敏度要求下,一般的分析中往往不需要除氧。

(6)荧光物质的自猝灭。

在高浓度的荧光物质(浓度超过 $1\ g\cdot L^{-1}$)中,荧光强度因其浓度高而减弱的现象称为自猝灭。自猝灭的原因并不完全一样,最简单的原因是激发态分子在发出荧光之前和未激发的荧光物质分子的碰撞。此外,还有些荧光物质分子在高浓度溶液中生成二聚体或多聚体,使其吸收光谱发生了变化,也会引起荧光的减弱或消失。

综上,荧光猝灭作用在荧光分析中降低了待测物质的荧光强度,从这个角度上看,这种作用在荧光测定中是一个不利的因素;但是,从另一个方面看,人们也可以利用猝灭剂对某一荧光物质的荧光猝灭作用进行定量分析。一般地说,荧光猝灭法比直接荧光法更为灵敏,并具有更高的选择性。

5.2 分子荧光光谱仪

分子荧光光谱仪一般由光源、激发单色器、样品池、发射单色器、检测系统、信号显示系统组成,光源用来激发被测物,单色器用来分离出所需要的单色光,检测系统(光电倍增管)是用来把荧光信号转换为电信号。图 5.11 所示为常见的分子荧光光谱仪结构示意图。

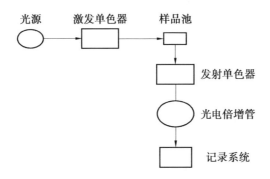

图 5.11 分子荧光光谱仪结构示意图

从光源发出的光照射到盛有荧光物质的样品池上,产生荧光。荧光将向四面八方发射,为了消除透射光的干扰,通常在与激发光传播方向成 90°的方向上测量荧光。在 90°处进行测量的方法之所以被人们广泛采用,与通常使用的样品池为矩形有关。在矩形池中以 90°的位置进行测量可使入射光及被测荧光物质均能垂直通过池壁,这就减少了池壁对入射光及荧光的反射。仪器中第二单色器的作用是滤去激发光所产生的反射光、溶剂的杂散光和溶液中杂质的荧光,只让被测组分的一定波长的荧光通过,然后到达光电倍增管被检测,再输入记录仪显示记录。

5.2.1 光源

光源应具有足够的强度、在所需光谱范围内有连续的光谱、强度与波长无关、稳定性好等特点。从式(5.4)可以看出,发射荧光强度与入射光强度成正比,所以光源的强度直接影响测量的灵敏度;而光源的稳定性则直接影响测定的重复性。最常用的光源是氙灯、高压汞灯。目前激光器的使用,使荧光分析法的应用更为广泛。

1. 氙灯

高压氙灯是目前荧光光谱仪中应用最广泛的一种光源。这种光源是一种短弧气体放电灯,外套为石英,内充氙气,室温时压力为 5×10 kPa,工作时压力约为 20×100 kPa。$250\sim800$ nm 波长区域为连续光谱,450 nm 附近有几条锐线。氙灯灯光很强,且在250～

400 nm 波段内辐射线强度几乎相等。氙灯需要稳压电源以保证光源的稳定。氙灯无论是在平时还是工作时都处于高压之下,存在爆裂的危险,安装时要特别小心。工作人员避免直视光源。氙灯使用寿命大约为 2 000 h,目前长寿命的氙灯约为 4 000 h。

2. 汞灯

汞灯是初期荧光光谱仪的主要激发光源,它是利用汞蒸气放电发光的光源,它所发射的光谱与灯的汞蒸气压有关,可分为低压汞灯和高压汞灯两种。对于简单的荧光光谱仪,低压汞灯是最常用的光源;在商品荧光光谱仪中所用的汞灯一般为高压汞灯。高压汞灯产生的是强的线状光谱而不是连续光谱,因而不能用于对入射光波长进行扫描的仪器上。荧光分析中激发光常用的是汞的 365 nm 线,其次是 405 nm 和 436 nm 线,由于大多数荧光化合物可被许多波长的光激发,所以一般至少有一条汞线是合适的。

除了上述两种传统的光源外,还可以用激光光源。正是激光光源的使用,使荧光光谱法成为世界上第一个实现单分子检测的技术手段。但是因为使用激光光源的荧光仪设备复杂、价格昂贵、难以维修,且高激发辐照度易带来光解问题等,除了一些特殊用途以外,激光目前很少被应用于商品荧光光谱仪中。

5.2.2 样品池

荧光分析用的样品池必须用低荧光材料制成,通常用不吸收紫外光的石英材料制成,形状以散射光较少的方形为宜。测定低温荧光时,在石英池之外套上一个装有液氮的透明的石英真空瓶,以便降低温度。

5.2.3 单色器

较精密的荧光分析光谱仪均采用光栅作为色散元件,有两个单色器:第一个是激发单色器,置丁光源和样品池之间,用于选择激发波长;第二个是发射单色器,置于样品池和检测器之间,用于选择荧光发射波长。

5.2.4 检测器

荧光的强度比较弱,因此要求检测器有较高的灵敏度,目前几乎所有的普通荧光光谱仪都采用光电倍增管作为检测器,并使发射单色器和检测器所确定的方向与激发单色器和光源所确定的方向垂直。

5.3 分子荧光光谱法及其应用

5.3.1 荧光光谱法的特点

1. 灵敏度高

与紫外-可见分光光度法相比,分子荧光光谱法是从入射光的直角方向检测,即在黑背景下检测荧光的发射。所以一般来说,分子荧光光谱法的灵敏度要比紫外-可见分光光度法高 2～4 个数量级,它的测定下限在 $0.001～0.1\ \mu g \cdot mL^{-1}$ 之间。

用检出限来表示分子荧光光谱法的灵敏度,即相对灵敏度,在实际应用中是比较方便的。一种相对灵敏度是以奎宁在 $0.05\ mol \cdot L^{-1} H_2SO_4$ 溶液中的荧光强度为标准,并定为 1(荧光峰在 450 nm),然后与相同浓度荧光物质的荧光强度进行比较,即可求得该物质的相对灵敏度。如某荧光仪器的检出限为 $0.005\ ng \cdot mL^{-1}$ 奎宁。另一种灵敏度的表示方法是以水的 Raman 峰(397 nm)的信噪比来表示。由于纯水易于获得,且便于测试,因此该法已被较多的实验室所采用。当水分子被光激发(在 350 nm)时,水分子发生暂时的畸变,在短时间内($10^{-15} \sim 10^{-12}$ s)该分子会向各个不同方向发射出与激发波长相等的 Rayleigh 光和波长略长的 Raman 光。

2. 选择性强

分子荧光光谱法既能依据特征发射来鉴定物质,又能依据特征吸收来鉴定物质。假如某几个物质的发射光谱相似,可以从激发光谱的差异把它们区分开来;而如果它们的吸收光谱相同,则可用发射光谱将其区分。

3. 所需试样量少且方法简便

4. 提供比较多的物理参数

分子荧光光谱法能提供包括激发光谱、发射光谱、三维光谱以及荧光强度、荧光效率、荧光寿命等许多物理参数。这些参数反映了分子的各种特性,能从不同角度提供被研究的分子的信息。

5.3.2 定量分析的依据及方法

在入射光一定的条件下,低浓度时,荧光强度 I_f 与被测物质的浓度 c 呈线性关系,即

$$I_f = kc \tag{5.10}$$

这就是分子荧光光谱法的定量分析依据。常用的定量方法有标准曲线法和直接比较法。

1. 标准曲线法

用已知量的标准物质,配成一系列标准溶液,并在一定的仪器条件下测量这些标准溶液的荧光强度,以荧光强度对标准溶液中待测物浓度绘制标准曲线。然后在相同的仪器条件下,测量样品溶液的荧光强度,从标准曲线上查出样品溶液中待测物的浓度。

2. 直接比较法

如果荧光物质的标准曲线通过零点,就可以选择其线性范围内某一浓度的标准溶液,用直接比较法测量。先配制标准溶液测定其荧光强度 I_s,然后在同样条件下测量样品溶液的荧光强度 I_x,由标准溶液的浓度 c_s 和两个溶液的荧光强度的比值,求出样品中被测物的浓度 c_x,即 $c_x = c_s \dfrac{I_x}{I_s}$。

5.3.3 分子荧光光谱法的应用

1. 有机化合物

有机化合物中,脂肪族化合物能产生荧光的为数不多;芳香族及具有芳香结构的化合

物因存在共轭体系,在紫外光照射下有的能发射荧光。对于这类天然具有荧光发射性质的化合物可以用直接荧光法进行测定。但是,为提高荧光分析的灵敏度和选择性,大多还是要采用荧光衍生化方法。通过衍生化,使得衍生物具有比被分析物和衍生试剂更大的π键系统,能在较长的波长发射荧光,荧光强度及量子效率也同时增大。8-羟基喹啉、荧光胺、邻苯二甲醛(OPA)、丹磺酰氯等都是常用的荧光试剂。试剂与分析物通过缩合反应连接或发生关环反应,以增加或延长共轭体系。

测定有机化合物时,由于基体在 350 nm 以下发光较强而严重干扰测定。引入荧光探针能使新的发光物种在 500 nm 以上有荧光发射,从而避免基体的干扰。镧系元素螯合物,如铕和铽的螯合物能与蛋白质等化合物形成复合物(称为荧光标记),即在较长波长具有特征的线状荧光发射,Stokes 位移大,荧光寿命较长。基于此发展的镧系螯合物标记的"时间分辨荧光免疫分析法",现已成为研究和测定蛋白质等生物物质的有力工具。某些有机化合物的荧光测定法见表 5.5。

表 5.5 某些有机化合物的荧光测定法

待测物	试剂	激发光波长 /nm	荧光波长 /nm	测定范围 c /($\mu g \cdot mL^{-1}$)
丙三醇	苯胺	紫外	蓝色	0.1~2
糠醛	蒽酮	465	505	1.5~15
蒽	—	365	400	0~5
苯基水杨酸酯	N,N'-二甲基甲酰胺(KOH)	366	410	$3 \times 10^{-8} \sim 5 \times 10^{-6}$ mol $\cdot L^{-1}$
1-萘酚	0.1 mol $\cdot L^{-1}$ NaOH	紫外	500	
四氧嘧啶(阿脲)	苯二胺	紫外(365)	485	10^{-10}
维生素 A	无水乙醇	345	490	0~20
氨基酸	氧化酶等	315	425	0.01~50
蛋白质	曙红 Y	紫外	540	0.06~6
肾上腺素	乙二胺	420	525	0.001~0.02
胍基丁胺	邻苯二醛	365	470	0.05~5
玻璃酸酶	3-乙酰氧基吲哚	395	470	0.001~0.033
青霉素	α-甲氧基-6-氟-9-(β-氨乙基)-氨基氮杂蒽	420	500	0.062 5~0.625

2. 无机化合物的荧光分析

无机化合物中除了铀盐等少数例外,一般不显荧光。但一些反磁性的金属离子与荧光试剂形成配合物后可进行荧光分析,且这样的元素已有 20 余种,如铍、铝、硼、镓、硒、镁及某些稀土元素等。所采用的荧光试剂,其分子中至少有 2 个官能团与金属离子形成刚性的环状结构、具有大 π 键的配合物。某些无机元素的荧光测定法见表 5.6。

表 5.6 某些无机化合物的荧光测定法

离子	试剂	λ/nm		检出限/$(\mu g \cdot mL^{-1})$	干扰
		吸收	荧光		
Al^{3+}	石榴茜素 R （Al,F⁻）	470	500	0.007	Be, Co, Cr, Cu, F⁻, NO_3^-, Ni, PO_4^{3-}, Th, Zr
F^-	石榴茜素 R—Al 配合物（猝灭）	470	500	0.001	Be, Co, Cr, Cu, Fe, Ni, PO_4^{3-}, Th, Zr
$B_4O_7^{2-}$	二苯乙醇酮 （B,Zn,Ge,Si）	370	450	0.04	Be, Sb
Cd^{2+}	2—（邻羟基苯）间氮杂氧	365	蓝色	2	NH_3
Li^+	8—羟基喹啉 （Al,Bc）	370	580	0.2	Mg
Sn^{4+}	黄酮醇 Zr,Sn	400	470	0.008	F⁻, PO_4^{3-}, Zr
Zn^{2+}	二苯乙醇酮	—	绿色	10	Be, B, Sb, 显色离子

3. 荧光检测在色谱分离中的应用

多年来，分子荧光光谱法一直用于纸色谱或薄层色谱分离中斑点的定位。如果被分离的化合物在紫外—可见光区有荧光，则可以在紫外灯或日光照射下，观察到其色斑；如果是非荧光物质，则需要喷洒合适的试剂以生成荧光物质。

高效液相色谱常使用荧光检测器，其灵敏度比通用的紫外检测器要高 2～3 个数量级。主要采用衍生化方法，用于荧光光度法中的衍生化试剂原则上都能使用，分柱前衍生和柱后衍生。

4. 荧光免疫分析法

用荧光物质作标记的免疫分析法称为荧光免疫分析法（FIA）。作为荧光标记物，应具有高的荧光强度，且其发射的荧光与背景荧光有明显区别；它与抗原或抗体的结合不破坏其免疫活性，标记过程要简单、快速；水溶性好，所形成的免疫复合物耐储存。常用的荧光物质有荧光素、异硫氰酸荧光素、四乙基罗丹明、四甲基异硫氰基荧光素等。

5.4 分子磷光光谱法及其应用

磷光和荧光都是光致发光。磷光的产生伴随着电子自旋多重态的改变,并且磷光在激发光消失后还可以在一定时间内观察到。但对于荧光,电子能量的转移不涉及电子自旋的改变,激发光消失,荧光消失。任何发射磷光的物质也都具有两个特征光谱,即磷光激发光谱和磷光发射光谱。其定量分析的依据是在一定的条件下,磷光强度与磷光物质浓度成正比。在仪器和应用方面磷光法与荧光法也是相似的。

5.4.1 磷光分析法原理

1. 磷光的特点

磷光是分子由第一激发单重态 S_1 的最低振动能级,经体系间交叉跃迁到第一激发三重态 T_1,并经振动弛豫至最低振动能级,然后跃迁到基态时所发射的光。磷光与荧光的不同包括以下几点。

①磷光辐射的波长比荧光长。这是因为分子的激发三重态(T_1)的能量比单重态(S_1)低。

②磷光的寿命比荧光长。因为荧光是 $S_1 \rightarrow S_0$ 跃迁产生的,这种跃迁不涉及电子自旋方向的改变,容易发生,是自旋允许的跃迁,因而这种跃迁通常为 $10^{-9} \sim 10^{-7}$ s;磷光是 $T_1 \rightarrow S_0$ 跃迁产生的,这种跃迁要求电子自旋反转,属于自旋禁阻的跃迁,这种跃迁大约为 $10^{-3} \sim 10$ s。所以,当关闭激发光源后,荧光基本上瞬间消失,而磷光还可持续一段时间。

③重原子和顺磁性离子对磷光的寿命和辐射强度有很大影响。

2. 低温磷光

当分子处于 T_1 态时,使激发态分子发生 $T_1 \rightarrow S_0$ 跃迁发射磷光的速度很慢,需要 $10^{-3} \sim 10$ s,所以非辐射去活化过程概率增大,磷光强度减弱,甚至完全消失。因此在室温下很少观察到溶液中的磷光。为了获得比较强的磷光,通常应在低温下测量磷光。

当溶解在有机溶剂中的样品处于液氮(77 K)甚至在液氦(4 K)下冷冻时,则许多基质形成刚性玻璃体,使振动耦合和碰撞等非辐射去活化过程的概率降低,使处于激发三重态的分子可发射强的磷光。一般来说,大多数具有共轭体系的环状化合物在低温下都会发出较强的磷光。

3. 室温磷光

一般情况下,室温下溶液中磷光物质发射的磷很弱。为了在室温下测量磷光,可采用下列办法。

(1)固体室温磷光法。

将测定的物质吸附在固体(载体)上,若能将被测物牢固地束缚在表面基质上,则可增加刚性,降低激发三重态非辐射去活化的概率。用得较多的载体有滤纸、硅胶、氧化铝和玻璃纤维等。

(2)胶束缔合物室温磷光法。

在试液中加入适当的表面活化剂,使其与被测物质形成胶束缔合物,以增加被测物的刚性,减小因碰撞引起的去活化过程,从而可在溶液中测量室温磷光。例如,在含有表面活性剂十二烷基磺酸钠溶液中,加入重原子 Tl 或 Pb,用化学法除氧,可测定 $10^{-7} \sim 10^{-6}\,mol/L$ 的萘、芘和联苯等。由此例可看出,采用胶束缔合物室温磷光法时,一般应加入重原子,并除氧。

(3)敏化室温磷光法。

在敏化室温磷光法测量中,磷光强度很弱或不发磷光的待测物(给体)被激发后,把它的三重态能量转移到具有良好磷光量子产率的一个受体的三重态上,然后测量受体产生的磷光信号。良好的受体有溴代萘和丁二酮,它们即使在室温的溶液中也能发射较强的磷光。

4.重原子效应

在含有重原子的溶剂(如碘甲烷、碟乙烷等)中或在磷光物质中引入重原子取代基,都可以提高磷光物质的磷光强度。利用重原子效应是提高磷光分析法灵敏度的简单而有效的办法。

5.4.2 分子磷光光谱仪

分子磷光光谱仪同分子荧光光谱仪基本相同,主要区别在于前者在荧光光谱仪上装有特殊样品池(图 5.12)。样品池由样品管、杜瓦瓶和磷光镜组成。杜瓦瓶是一个装有液氮的石英瓶,样品管放在杜瓦瓶中,这样样品被液氮冷却,可在低温下测量磷光。磷光镜实际上由切光器和电机组成,有旋筒式和旋盘式两种类型。电机带动切光器旋转,此切光器可同时控制两个光路,让一个光路开通,另一个断开,即交替切断光路,使来自激发器的入射光交替照射样品,而由样品发射的光也交替地到达发射单色器。当激发光照射样品时,可将被测物激发到高能级,这时样品池与发射单色器间的光路被切断,磷光、散射光和荧光信号都不能进入检测器;而当激发光单色器与样品池间的光路被切断时,光不照射样品,荧光和反射光随即消失,而磷光寿命长,所以磷光可到达检测器。

5.4.3 磷光分析的应用

分子磷光光谱法的应用远不如分子荧光光谱法普遍。这主要是因为能产生磷光的物质数量少,而且测量磷光时一般需要在液氮条件下进行。分子磷光光谱法主要用于测量有机物质和生物物质,如核酸、氨基酸、石油产物、多环芳烃、农药、医药、生物碱及植物生长激素等。表 5.7 列出了分子磷光光谱法应用的一些实例。

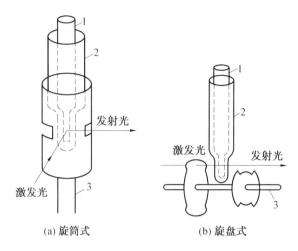

(a) 旋筒式   (b) 旋盘式

图 5.12 样品池

1—样品管；2—杜瓦瓶；3—磷光镜

表 5.7 一些有机组分的分子磷光光谱法测定

化合物	溶剂	λ_{ex}/nm	λ_{em}/nm
腺嘌呤	水∶乙醇(9∶1)	278	406
腺苷	乙醇	280	422
6—氨基—6甲基巯基嘌呤	水∶乙醇(9∶1)	321	456
2—氨基—4—甲基嘧啶	乙醇	302	438
阿司匹林	乙醇	310	430
盐酸可卡因	乙醇	240	400
蒽	乙醇	300	462
可待因	乙醇	270	505
苯甲醛	乙醇	254	433
二乙酰磺胺	乙醇	280	405
吡啶	乙醇	310	440
3,4—苯并芘	乙醇	325	508
水杨酸	乙醇	315	430
联苯	乙醇	270	385
磺胺基嘧啶	乙醇	305	405
磺胺	乙醇	300	410
色氨酸	乙醇	295	440
多巴胺	乙醇	285	430
维生素 K_1	乙醇	345	570

习　题

1.为什么分子的荧光波长比激发光波长长？而磷光波长又比荧光波长长？

2.解释下列名词：(1)量子效率；(2)振动弛豫；(3)系间跨跃。

3.什么是荧光猝灭？举例说明怎样利用荧光猝灭来进行化学分析？

4.在实际中,怎样区分荧光和磷光？

5.苯胺的荧光在 pH3 时更强还是在 pH10 时更强？为什么？

6.荧光分子的结构具有哪些特点？

7.判断下列方法能否改变荧光量子效率,并说明原因：

(1)降低温度；(2)升高温度；(3)改变荧光体的浓度；(4)加入静态猝灭剂；(5)加入动态猝灭剂；(6)改变溶剂的黏度。

8.通过以下两种氨基酸的化学结构,是否可以不经实验判断其荧光强度的大小次序？

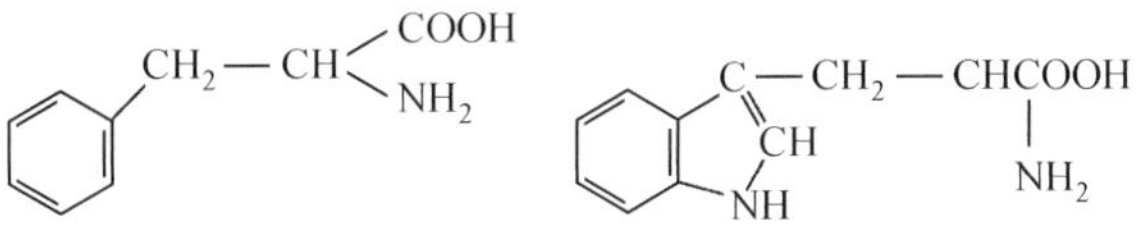

图 5.13　8 题图

9.按荧光强弱顺序排列下列化合物并解释。

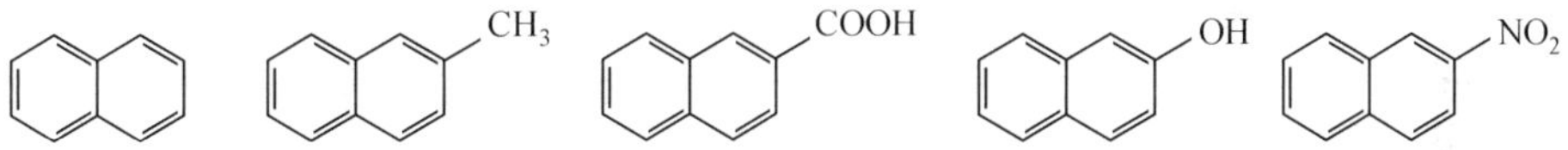

图 5.14　9 题图

10.下列化合物中哪一个磷光最强？

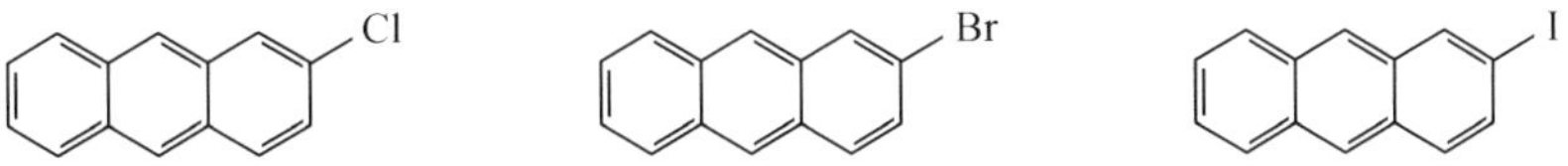

图 5.15　10 题图

11.烟酰胺腺嘌呤双核苷酸(NADH)的还原态是一种重要的强发荧光辅酶,其最大激发波长为 340 nm,最大发射波长为 365 nm,用分子荧光光谱仪测得一系列 NADH 标准溶液的荧光强度值见表 5.8。

表 5.8　11 题表

NADH 浓度/($\mu mol \cdot L^{-1}$)	0.100	0.200	0.300	0.400	0.500	0.600	0.700	0.800
相对荧光强度	13.0	24.6	37.9	49.0	59.7	71.2	83.5	95.1

写出回归方程,并计算相对荧光强度为 42.3 时未知样品中 NADH 的浓度。

12.用分子荧光光谱法测定复方块诺酮片中炔雌醇的含量时,取药 20 片(每片炔雌醇应为31.50~38.50 μg),研细溶于无水乙醇中,稀释至 250.00 mL,过滤,取滤液 5.00 mL,稀释至 10.00 mL,得到分析溶液。在激发波长 285 nm 和发射波长 307 nm 处测量荧光强度。炔雌醇标准的乙醇溶液(1.40 μg・mL^{-1})在同样测定条件下荧光强度为 65,则合格药片的荧光强度应在什么范围内?

参 考 文 献

[1] 邓勃.分析化学辞典[M].北京:化学工业出版社,2003.

[2] 汪尔康.分析化学新进展[M].北京:科学出版社,2002.

[3] 叶宪曾,张新祥.仪器分析教程[M].2版.北京:北京大学出版社,2007.

[4] 曾泳淮.分析化学(仪器分析部分)[M].3版.北京:高等教育出版社,2010.

[5] 张寒琦,孙书菊,金钦汉.光谱分析[M].长春:吉林大学出版社,1995.

[6] 李全臣,蒋月娟.光谱仪器原理[M].北京:北京理工大学出版社,1999.

[7] DEAN J A.分析化学手册[M].常文保,译.北京:科学出版社,2003.

[8] 武汉大学.分析化学(下册)[M].5版.北京:高等教育出版社,2007.

[9] INGLE J D,CROUCH S R.光谱化学分析[M].张寒琦,王芬蒂,施文,译.长春:吉林大学出版社,1996.

[10] 刘志广,张华,李亚明.仪器分析[M].大连:大连理工大学出版社,2004.

[11] 郭德济,孙鸿飞.光谱分析方法[M].2版.重庆:重庆大学出版社,1994.

[12] CHRISTIAN G D. Analytical Chemistry [M]. 6th ed. Hoboken:John Wiley,2003.

[13] SKOOG D A. Fundamentals of Analytical Chemistry[M]. 5th ed. Belmont:Thompson Brooks/Cole,2004.

[14] 邱德仁.原子光谱分析[M].上海:复旦大学出版社,2002.

[15] 孙汉文.原子光谱分析[M].北京:高等教育出版社,2002.

[16] 方惠群,于俊生,史坚.仪器分析[M].北京:科学出版社,2002.

[17] KELLNER R, MERMET J M, OTTO M,et al.分析化学[M].李克安,金钦汉,等译.北京:北京大学出版社,2001.

[18] 郑国经,计子华,余兴.原子发射光谱分析技术及应用[M].北京:化学工业出版社,2010.

[19] NELIS T, PAYLING R. Glow discharge optical emission spectrometry:a practical guide[M]. London:Tyne & Wear,2003.

[20] 郑国经.电感耦合等离子体原子发射光谱分析技术[M].北京:中国质检出版社,中国标准出版社,2011.

[21] 王海舟.冶金分析前沿:3. ICP－AES分析技术的发展及其在冶金分析中的应用[M].北京:科学出版社,2004.

[22] 严秀平,尹学博,余莉萍.原子光谱联用技术[M].北京:化学工业出版社,2005.

[23] 刘虎生,邵宏翔.电感耦合等离子体质谱技术与应用[M].北京:化学工业出版社,2005.

［24］辛仁轩.等离子体发射光谱分析［M］.北京:化学工业出版社,2005.

［25］邓勃,何华焜.原子吸收光谱分析［M］.北京:化学工业出版社,2004.

［26］李安模,魏继中.原子吸收及原子荧光光谱分析［M］.北京:科学出版社,2000.

［27］邓勃,李玉珍,刘明钟.实用原子光谱分析［M］.北京:化学工业出版社,2013.

［28］邓勃.原子吸收分析的原理、技术与应用［M］.北京:清华大学出版社,2004.

［29］杨啸涛,何华焜,彭润中,等.原子吸收光谱中的背景校正技术［M］.北京:北京大学出版社,2006.

［30］马礼敦.高等结构分析［M］.上海:复旦大学出版社,2002.

［31］刘粤惠,刘平安.X射线衍射分析原理与应用［M］.北京:化学工业出版社,2003.

［32］祁景玉.X射线结构分析［M］.上海:同济大学出版社,2003.

［33］丘利,胡玉和.X射线衍射技术及设备［M］.北京:冶金工业出版社,1998.

［34］曹利国.能量色散X射线荧光方法［M］.成都:成都科技大学出版社,1998.

［35］梁栋材.X射线晶体学基础［M］.北京:科学出版社,1991.

［36］许金生.仪器分析［M］.南京:南京大学出版社,2002.

［37］吉昂,陶光仪,卓尚军,等.X射线荧光光谱分析［M］.北京:科学出版社,2003.

［38］许金钧,王尊本.荧光分析法［M］.3版.北京:科学出版社,2006.

［39］张华山,王红,赵媛媛.分子探针与检测试剂［M］.北京:科学出版社,2002

［40］陈国珍,黄贤智,许金钧,等.荧光分析法［M］.2版.北京:科学出版社,1990.

［41］童慧茹.仪器分析［M］.2版.北京:化学工业出版社,2009.